# 吸入钍尘对矿工健康的影响与防治措施系列研究

# A Series of Studies on the Health Effects and Its Protection Measures of the Miners Inhaled Thorium Dusts

陈兴安　著

北京大学医学出版社

**图书在版编目（CIP）数据**

吸入钍尘对矿工健康的影响与防治措施系列研究/陈兴安著．—北京：北京大学医学出版社，2007.1

ISBN 978-7-81116-093-2

Ⅰ．吸…　Ⅱ．陈…　Ⅲ．①钍-工业尘-影响-矿工-健康②钍-工业尘-预防（卫生）　Ⅳ．①TD714 ②R135.2

中国版本图书馆 CIP 数据核字（2006）第 141310 号

**吸入钍尘对矿工健康的影响与防治措施系列研究**

---

**著　　者**：陈兴安
**出版发行**：北京大学医学出版社（电话：010－82802230）
**地　　址**：（100083）北京市海淀区学院路 38 号　北京大学医学部院内
**网　　址**：http：//www. pumpress. com. cn
**E－mail**：booksale@bjmu. edu. cn
**印　　刷**：北京东方圣雅印刷有限公司
**经　　销**：新华书店
**责任编辑**：赵　曼　　**责任校对**：潘　慧　　**责任印制**：张京生
**开　　本**：880mm×1230mm　1/32　**印张**：4.25　**字数**：125 千字
**版　　次**：2007 年 1 月第 1 版　2007 年 1 月第 1 次印刷　**印数**：1—1000 册
**书　　号**：ISBN 978-7-81116-093-2/R·093
**定　　价**：15.00 元

本书由
北京大学医学部科学出版基金
资助出版

谨将此书敬献给

哺育我成长的母校和进修单位的老师们

我的母校是上海青浦县城中小学、上海市民德小学、上海市复安小学、上海圣约翰青年中学、上海市格致中学、上海沪江大学（医预）、上海圣约翰大学（医预）和北京大学医学院（现名北京大学医学部）。我曾经进修的单位有中国科学院原子能所原七室和美国能源部国立阿贡实验室人类放射生物中心。

# 序

包钢白云鄂博稀土铁共生矿是世界上最大的稀土资源，其矿石中含有0.04%的致癌源二氧化钍。矿工长期吸入含钍矿尘后，肺内钍的沉积量达到何种水平？肺内钍沉积量和周围血象、肝功能、$0^+$期尘肺之间存在何种量效关系？矿工长期吸入钍尘后是否会诱发肺癌的发生？这不仅是该矿领导和广大职工从20世纪60年代起就迫切需要卫生部门回答的问题，而且是国内外放射生物和放射卫生防护领域内专家们希望弄清楚的问题。

1956年由卫生部培养的我国第一代放射卫生学家陈兴安教授最近完成的本学术专著在国内外首次系统地回答了上述问题。这本专著所收集的资料是中国疾病预防控制中心辐射防护与核安全医学所下属的国家稀土开发应用卫生评价中心和白云鄂博铁矿职工医院数十名同志通过25年协作研究所取得的6项科研成果的总结。这本著作与国际上唯一的同类著作 *Thorium: Its Industrial Hygiene Aspects*（美国 R. E. Albert 著，1966年）比较，本研究所用的呼出气中钍射气子体测定方法是在学习美国阿贡实验室基础上改进的，远比 Albert 专著中介绍的活性炭干冰法先进。本专著中收集的矿工的肝功能和周围血象、肺功能 X 线胸片的资料，比 Albert 专著中介绍的对21名钍尘作业工人的查体结果的有关数据多出数十倍。特别是本专著中介绍的矿工肺癌死亡率流行病学及其肺内钍活度的数据更是 Albert 专著中所没有的。本著作中最有价值的是在国内外首先用人群资料证明长期吸入含钍稀土矿尘（致癌源为 $SiO_2$ 和 $ThO_2$），吸入二氧化钍或钍射气的短寿命子体均能诱发肺癌的发生，修正了世界卫生组织的 IARC（国际癌症研究机构）专著78卷（*Ionizing radiation*, *Part 2: Some internally deposited radionuclides*, 2001）“尚无充分的证据说明人类吸入钍-232有致癌作用”的看法。美国原毒理学会主席

McClellan认为这是一项里程碑式的研究。这是该协作组25年来艰苦奋斗所作出的在国际上对内沉积放射性核素生物效应的一大贡献。

本著作的另一显著特点是在深入开展放射卫生调查研究的同时，积极采取综合性卫生防护措施，并取得显著效果，对保护工人健康、促进生产起到了重要作用。这在同类课题研究中是不多见的。

我相信这本著作的出版，无疑对于内沉积放射性核素生物效应研究的进一步深入以及钍尘作业放射卫生防护工作的开展，将起到积极的推动作用。

中华医学会会长，中国工程院院士

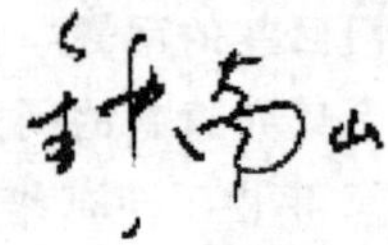

2006年11月12日

# PREFACE

Bayun Obo Rare-earth Iron Co-existence Mine of Baotou Steel Company is the largest rare earth ore resource in the world. Its ores contain 0. 04 percent of carcinogenic $ThO_2$. After long-term of inhalation of thorium-containing ore dusts, the remains of what level of thorium lung burden will be reached? Additionally, what kind of dose-effect relationships will there be between thorium lung burden and peripheral blood picture, hepatic function, or $0^+$ stage pneumoconiosis? Will miners be induced to an occurrence of lung cancer? Since 1960s, all these questions have been constantly presented by the management team and the miners of the company to the sanitary departments of China. Meanwhile, the experts in radiobiology and radiation protection have also been seeking to find these answers.

Professor Chen Xing-an, who was educated and trained since 1956 as one of the first generation of radiation protection experts in China, has recently published his monograph *A Series of Studies on the Health Effects and Its Protection Measures of the Miners Inhaled Thorium Dusts*. This monograph, for the first time, systematically answered the aforementioned questions domestically and internationally. The data collected in this monograph was summarized from six research awards, which have been carried out over 25 years by dozens of people from both the National Institute for Radiological Protection and Nuclear Safety CCDC and the Hospital of Bayun Obo Iron Mine.

Compared with the first monograph regarding thorium in the world, *Thorium: Its Industrial Hygiene Aspects* (Written by Dr. R. E. Albert and published in 1966 USA), the method used in this study to measure the exhaled thoron activities in the miners was modified on basis of that of Argonne National Laboratory, USA, and is much more advanced than that recommended by Dr. Albert. The examination data of hepatic function tests, peripheral blood counts, lung function tests, and chest X-ray radiographs collected in this monograph are many times bigger than those presented in Dr. Albert's monograph, in which the data of only 21 thorium workers were collected. Moreover, this monograph presented the data of an epidemiological study on lung cancer mortality rates of the miners as well as results of the thorium lung burden measurement, which is not available in Albert's monograph. The most invaluable finding in Professor Chen's study is it first discovered that either long-term inhalation of rare earth ore dusts containing thorium (carcinogens are $SiO_2$ and $ThO_2$) or inhaled $ThO_2$ or thoron short-lived progeny could induce lung cancers in the exposed miners. This modified the vision presented in IARC monograph Vol.. 78 (*Ionizing radiation*, *Part* 2: *Some internally deposited radionuclides*, 2001), in which it is stated: "There is inadequate evidence in humans for the carcinogenicity of Th-232 after inhalation". Dr. McClellan, the former president of the Society of Toxicology of USA, regarded this discovery as a landmark. This remarkable discovery, based on 25 years of hard work of the co-operation group, is a great contribution to the world with regards to the biological effects of the internally deposited radionuclides.

Another remarkable feature of this monograph is that it carried out the investigation of radiation health along with the comprehensive protection measures and got prominent effects, which is conducive to protect miners' health and to promote the production of ores. Henceforth, this monograph is not common in the same kind of research carried out in this field.

I believe that the publication of this monograph will undoubtedly deepen the research on the biological effect of internally deposited radionuclides and promote the radiation health and radiation protection work in the thorium dust mines and factories.

钟南山

Zhong Nan-shan

The Chairman of Chinese Medical Association

An Academician of Chinese Academy of Engineering

12. November, 2006

# 前　言

包钢白云鄂博稀土铁共生矿是世界上最大的稀土资源，开采至今已接近50年。其矿石中含有致癌源二氧化钍（0.04%）和二氧化硅(10%)。该矿厂房空气中钍尘和钍射气子体浓度很高。广大矿工长期吸入含钍稀土矿尘后，肺内钍的沉积量多高？矿工的呼吸道、周围血象和肝功能是否受到影响？能否引起超额肺癌的发生，如何防治？这不仅是该矿矿工迫切要求回答的问题，也是工作在冶金、稀土、石化、轻工、国防、核能、航天、农业等行业中的广大接触钍尘的职工普遍关注的问题。出版本书的目的就是想用大量人群的科学数据来回答有关吸入钍尘有何危害，如何评价及如何防治的问题，以保证广大职工的健康，减少职业病的发生。

本书主要内容包括呼出气中钍射气活度测量系统的建立及其应用、白云鄂博稀土铁矿接尘矿工肺内钍沉积量和周围血象的量效关系、白云鄂博稀土铁矿接尘矿工肺内钍沉积和肝功能的量效关系、白云鄂博稀土铁矿接尘矿工发生尘肺等非随机性效应的量效关系、白云鄂博稀土铁矿矿工肺癌死亡率的流行病学调查、呼吸道吸入二氧化钍（$ThO_2$）和稀土矿尘的联合作用、二氧化钍从1名矿工肺内廓清的7年连续观察和分析以及综合性卫生防护措施和效果等。

本书收集的资料多是中国疾病预防控制中心辐射防护与核安全医学所下属的国家稀土开发应用卫生评价中心和白云鄂博矿职工医院数十位同志25年艰苦奋斗所取得的6项科研成果的总结。这些成果包括国家科学技术进步二等奖1项；北京市科学技术二等奖1项；卫生部科学技术成果二等乙级奖1项；卫生部科技进步三等奖1项；中国预防医学科学院科技进步二等奖2项。本书包括多项创新性成果（详见绪论1.4），具有较高的学术理论和实用价值。可供从事放射卫生，辐射防护，辐射环境监测，放射临床，职业病临床和核安全的科技人员参考，并可作为有关培训班或有关专业师生教材使用。

国家稀土开发应用卫生评价中心
首任主任　陈兴安
2006年3月25日于北京

# 目　录

# CONTENTS

# 1 绪 论

## 1.1 出版本专著的目的

自从美国学者 Albert R E[1] 在 1966 年出版了世界上第一本有关吸入钍对健康影响的专著 *Thorium—Its Industrial Hygiene Aspects* 至今已经有 40 年了。无论是美国学者如 James Stebbings 博士或中国学者如叶根耀、傅铁城、熊炳坤等教授都认为有必要写一本有关吸入钍对人体健康方面影响的专著，以便让广大放射卫生防护人员、环境放射监测人员、放射临床医师，以及放射卫生、放射医学、工程物理、环境保护专业的广大师生有一本较能反映这方面最新成果的专著。从 20 世纪 70 年代中期开始，作者所领导的课题组先后同北京市卫生防疫站射线防护科及包钢白云鄂博稀土铁矿职工医院的科技人员，先后在通县稀土冶炼厂、北京轧辊厂[2]、北京化肥厂等，以及最后在白云鄂博稀土铁矿开展了长达 30 年的吸入钍尘对工人健康影响的研究。其中，从 1978 年开始至 2003 年完成的“稀土铁共生矿矿工吸入钍尘对矿工健康影响与防治措施系列研究”荣获 2004 年度国家科学技术进步二等奖。为写这本专著提供了大量十分有价值的资料。

## 1.2 本专著内容中所涉及的 6 个奖项

包钢白云鄂博稀土铁共生矿是世界上最大的稀土资源。开采至今已四十余年。其矿石中含有致癌源二氧化钍（0.04%）和二氧化硅（10%）。该矿厂房空气中钍尘和钍射气子体浓度较高。自 20 世纪 60 年代起，卫生部多次派出专家深入该矿，调查矿工的健康状况，但由于缺乏肺内钍尘量的测试装置，无法作出明确结论[3]。为此，我们于 1978 年起开展了长达 25 年的系列研究。

1981年我们研制成我国第一台呼出气中钍射气测定装置，在国内首次测出一批老矿工肺内钍的水平，**获卫生部科学技术二等乙级成果奖**[4]。但灵敏度较低，无法测出大多数接尘矿工肺内钍水平，无法把每名被检者肺内钍水平同各项体检指标联系起来进行分析研究，也无法为防护措施提供科学依据。

1982年，本项目负责人在学习美国国立阿贡实验室经验并购回部分仪器的基础上，对阿贡实验室的研究方法进行了若干重要改进，建成了两套适用于我国矿山的负高压呼出气中钍射气子体测定装置，灵敏度比我们自己研制的装置高出20倍[5]。**1988年获中国预防医学科学院科技进步二等奖。**同年“白云鄂博铁矿矿工天然钍沉积量及其对健康影响调查研究六年总结”[6][7]也获得另一个**中国预防医学科学院科技进步二等奖。**

1983～1994年，本课题组深入该矿用上述装置对638名接尘矿工进行了肺内钍沉积量的测定，在国内首次基本弄清了接尘矿工肺内钍的水平。在638名接尘矿工中肺内钍沉积量低于2.22Bq（1个调查水平）者共585人（91.7%），最高1人为11.11Bq。对上述接尘矿工进行了动态医学检查，发现了接尘矿工肺内钍沉积量与周围血象、肝功能和$0^+$期尘肺间的量效关系，并提出了若干防治措施，取得良好效果，使破碎车间空气中粉尘浓度从1983年的平均值1500mg/m$^3$降至2001年的平均值13.4mg/m$^3$。接尘矿工肺内钍活度的平均值则从1983年的0.85Bq（130名）降至1991年的0.25Bq（135名）。**1992年获得卫生部科技进步三等奖**[8]。

1987～2002年间，在国家自然科学基金委员会和国际原子能机构3次资助下，用了8年时间，采用多学科、多层次的协同研究方法，通过现场人群健康调查，进行了呼出气中钍射气活度的测定与动物实验以及钍尘对大鼠的诱癌实验等，取得了多项创新性的成果。其中最重要的历史性突破是在国际上首次用人群资料证明吸入含钍稀土矿尘可致肺癌（致癌源为二氧化硅和二氧化钍）。同时在国内外首先证明了长期吸入二氧化钍或钍射气的短寿命子体均能诱发肺癌的发生，修正了IARC专著78卷（2001年）的有关论断，**获北京市2003**

**年度科学技术进步二等奖**[9]。

1978～2003 年 3 月 30 日完成的“稀土铁共生矿矿工吸入钍尘对矿工健康影响与防治措施系列研究”，**经国务院批准于 2005 年 3 月获得 2004 年度国家科学技术进步二等奖**[10][11]。

本专著作者是上述 6 奖项的第一完成人。

## 1.3 本专著依据的国家科学技术进步二等奖项目简介

“稀土铁共生矿矿工吸入钍尘对矿工健康影响与防治措施系列研究”的主要完成人为中国疾病预防控制中心辐射防护与核安全医学所、包钢白云鄂博铁矿职工医院（各 5 位）的：陈兴安、肖慧娟、程永娥、董智华、杨英杰、龙升长、冯国栋、包向春、邓芸辉、冯志良。

该项目研制出我国高灵敏度负高压静电呼出气中钍射气子体测定装置，在对 638 名接尘矿工进行了肺内钍沉积量测定的基础上，首次揭示了该矿接尘矿工肺内钍的水平。通过采用多学科、多层次的协同研究，现场人群健康调查，进行了呼出气中钍射气活度的测定与动物实验以及钍尘对大鼠的诱癌实验等，取得了多项创新性的研究成果。首先用人群资料证明吸入含钍稀土矿尘可致肺癌（致癌源为二氧化硅和二氧化钍）。证明了长期吸入二氧化钍能诱发肺癌，修正了 IARC 专著 78 卷（2001 年）的有关论断。促进了稀土矿区建立防治措施，对保护工人健康起到了良好作用。

## 1.4 科技部的查新结论

由中国医学科学院医学信息研究所于 2003 年 11 月 19 日完成的“稀土铁共生矿矿工吸入钍尘对矿工健康影响与防治措施系列研究”项目在科技部医药卫生科技项目查新咨询报告书（编号 2003154）的查新咨询结论为：

该课题组通过呼出气中钍射气子体测定装置，弄清白云鄂博矿矿工肺内钍沉积量；证明长期吸入矿尘（致癌源为 $ThO_2$ 和 $SiO_2$），经38.5年可以诱发矿工超额肺癌的发生，以及长期吸入天然钍或钍射气（thoron）短寿命子体可以诱发肺癌；在活体条件下发现矿工肺内钍尘沉积量达到755mg以上时可以发生 $0^+$ 期尘肺；肺内钍沉积量不超过11.11Bq，周围血象和肝功能不会受影响；通过680只大鼠为期2年的动物实验发现白云鄂博矿工人的尘肺主要是由二氧化硅引起，二氧化钍的作用只占到其作用的1/80；发现只有当大鼠肺组织接受钍的α粒子照射，剂量达到0.35Gy时，才能诱发肺癌。

在上述检索范围内，未见与该研究项目相同的国内外文献报道。

特此鉴证

上述查新结论是经检索1966～2003年的CBMDISK、MEDLINE-CDROM、MEDLINE-PUBMED、EMBASE、CDROM共4个检索工具/系统，约2360万篇文献，检出相关文献47篇，检出密切相关文献4篇。经国内外逐项和综合对比分析，提出如上查新结论。

## 1.5 本专著达到国际水平的依据

现简要概述本专著所涉及的5篇学术论文在镭、钍生物效应国际系列会议上发表的情况，从中可以看出我国这些学术论文在国际上的学术地位。

1.5.1 1984年10月29～31日在德国Neuherberg举行的“The radiobiology of radium and thorotrast”学术研讨会上首次录取了**中国学者有关吸入钍对健康影响的学术论文，这也是中国学者在该领域发表的第一篇文章**。论文名称为“Activity concentration of exhaled $^{220}Rn$ and burden of $^{228}Th$ in workers working at the Bayun Obo Iron Mine in Innermongolia and in inhabitants living in high background radiation area in China”。作者为C. Xing-an，H. Qingmei，D. Zhiua，L. Wenyuan，W. Yidien等。

1.5.2 1988年10月3～5日在美国Bethesda，Maryland举行的"Risks from radium and thorotrast"学术研讨会**录取了该会议上唯一的中国学者的学术论文，而且是唯一的有关吸入钍对矿工健康影响的论文**。论文名称为"A follow-up study (1980-87) on the relationship between thorium lung burden and health effects on miners at the Bayan Obo mine，China"。作者为Chen Xing-an，Xiao Huijuan，Yang Ying-Jie，Chen Lian，Long Shengchan，Deng Yun-Hui and Fon Guodeng。

1.5.3 1994年18～21日在德国Heidelberg召开的"Health effects of internally deposited radionuclides：Emphasis of radium and thorium"的国际研讨会上，被录取的论文名称为："Combined effects of thorium dioxide and thorium-containing rare-earth iron dusts (Th-dusts)"。作者为Chen Xing-an，G. Fengming，W. Yuezhen，X. Hui Juan，C. Yong-e等。作者首次得到会议**全额赞助，并在大会上作了学术讲演**。这篇论文**仍然是该学术会议上唯一的有关吸入钍尘生物效应的论文。**

1.5.4 1999年1月20～22日在日本东京举行的"The international workshop on the health effects of thorotrast radium and other alpha-emitters 1999"的国际学术会议上，第4次被这个高水平国际系列会议录取，文章为"Results of the follow-up study of the thorium lung burden and its health effects of thorium miners in China"。本文作者为Chen Xing-an，Cheng Yong-e，Zhen Rong and Yan Xiao-Shan。对方**全额赞助，主动邀请。本文第一作者在大会上作了讲演。该次会议仍然只有中国学者发表有关吸入钍生物效应的文章。**

1.5.5 2004年11月29日～12月1日在德国Neuherberg举行的"9th International conference on health effects of incorporated radionuclides. Emphasis on radium，thorium，uranium and their daughter products"学术研讨会上我们有2篇学术论文被录取。一篇是"Health effects following long-term exposure to thorium dusts，a twenty-year follow-up study in China"。作者为X. A. Chen，Y. E.

Cheng, H. J. Xiao, G. D. Feng, Y. H. Deng et. al.。另一篇是“An observation on the clearance of thorium dioxide from lung of a miner”。作者为 X. A. Chen, H. J. Xiao, Y. E. Cheng。**这两篇也是这次会议仅有的有关吸入钍生物效应和肺内钍廓清的论文**。陈兴安和程永娥受到**对方邀请并全额赞助**，先后在大会上作了讲演。

由于美国国立阿贡实验室人类放射生物中心在20世纪80年代中期取消建制，进行过多年的钍项目研究被迫中止。因此，从1988年起至2004年止，在上述后4次有关镭、钍的国际最高级别的学术会议上，本项目组的上述学术论文在国际上是独一无二的且处于国际领先水平。这使得出版有关吸入钍对健康效应专著的任务很自然地落到了中国学者的身上。

我们诚恳地期待大家对此书提出宝贵意见，以便在再版或出版英文版时加以改进。

## 参考文献


1 Albert R E. Thorium—Its Industrial Hygiene Aspects. New York: Academic Press, 1966

2 北京市卫生防疫站防护科，北京医学院卫生系，北京医学院第三附属医院. 北京轧辊厂稀土应用过程中放射卫生防护问题调查报告. 放射医学与防护，1978，28-38

3 陈兴安. 呼吸道吸入二氧化钍粉尘的生物效应及其肺内沾染量的估算. 核防护，1978，60-66

4 陈兴安等. 人呼出气中钍射气（Rn-220）浓度测定方法的研究. 中华放射医学与防护杂志，1981，1（2）：1-7

5 陈兴安等. 根据静电收集的钍射气子体确定人呼出气中的钍射气活度. 中华放射医学与防护杂志，1985，5（3）：183-186

6 陈兴安等. 白云鄂博铁矿矿工肺内天然钍沉积量及其对健康影响研究. 中华放射医学与防护杂志，1986，6（4）：217-222

7 Chen Xing-an, et al. A follow-up study（1980-87）on the relationship between thorium lung burden and health effects on miners at the Bayun Obo Mine

China. BIR Report 21：Risks from Radium and Thorotrast. 1989，180－183

8 Chen Xing-an et al. A follow-up study on the relationship between thorium lung burden and health effects on miners (1982－91). J Radiol Prot，1995，15 (2)：151－158

9 Chen Xing-an，et al. Combined effects of thorium dioxide and thorium containing rare-earth iron dusts (Th-dusts). Health Effects of Internally Deposited Radionuclides：Emphasis on Radium and Thorium. 1994，333－336

10 中华人民共和国科学技术部国家科学技术奖励工作办公室. 国家科学技术奖励公报，2004，77，135

11 Chen Xing-an，et al. Health effects following long-term exposure to thorium dusts：A twenty-year follow-up study in China. Radioprotection，2004，39 (4)：525－533

# 2　高灵敏度呼出气中钍射气活度测量系统的建立

## 2.1　引　言

通过静电收集人呼出气中钍射气子体来探测人体内各种钍化合物的污染程度是比测量尿、便更为灵敏而又实用的方法。根据美国阿贡国立实验室（ANL）研制的人呼出气中钍射气活度测量系统的基本原理和技术，结合我所条件，我们对该系统所用设备、操作和运算程序等方面作了较大改进。在利用部分进口仪器的基础上，加工研制了一套灵敏度比我所原有装置[1]高出 20 倍的呼出气中钍射气活度测量系统，该系统大多数技术指标达到或超过了阿贡测量系统[2]的现有水平。在配合国产定标器（FH－454 型）的条件下，本测量系统采用闪烁计数器的本底为 0.003 次计数/分（ANL 为 0.005 次计数/分），整个系统的总效率达到 70%（ANL 为 50%）。样品测量时间由 ANL 的 30 多小时缩短为 3.33 小时（200 分钟）。本系统对体外钍射气活度的最小可探测限为 0.007Bq。当肺内钍沉积量为 0.22Bq 时，用本系统进行探测时的总误差为 ±47%，达到国际放射防护委员会（ICRP）第 10 号出版物提出的用呼出气中钍射气活度对肺内钍沉积量进行探测时的限值 0.22Bq（一个调查水平的十分之一）的要求。根据多年来在白云鄂博等地对 1000 多人次的测定表明，本测量系统除了具有灵敏度高的特点外，稳定性也较好，表现在对同一钍污染工人在间隔一段时间后进行重复测量时的偏差较小，从而使本测量系统具有较广泛的用途。

## 2.2 用 途

2.2.1 用于鉴别人体内是否受到钍化合物的污染及其严重程度，可作为放射临床的一项诊断指标。

2.2.2 用于判断促（钍）排药物的促排效果。

2.2.3 用于研究钍化合物在人体内的有效半排出期。

2.2.4 配合临床体检，可用于研究钍作业人员的剂量效应关系，为制定次级标准提供依据。

2.2.5 可用于判断钍尘作业个人防护用具和有关防护措施的直接效果。

2.2.6 配合流行病学调查，可用于吸入钍是否可能致肺癌的研究；并能根据肺组织所受吸收剂量的推算值预测今后若干年内是否存在增加肺癌发生率的可能性。

## 2.3 本系统建立过程中所做的改进

2.3.1 ANL 所用测量系统的样品测定是由计算机程序控制自动进行。采气结束后连续测定 30 小时以上，测定结果的运算是在大型计算机上进行（600K）。为了使之适用于本所并能在现场应用，本课题负责人在美国科学家的帮助下，共同合作建立了新的操作程序，做到在没有大型计算机条件下，依靠一般计算器就可以完成计算，并把样品测量时间由 30 多小时缩短为 3.33 小时（200 分钟），从而使本方法应用于矿山现场成为可能，同时节省了大量的人力物力。

2.3.2 将被检者呼出气的脉冲性气流转变为稳定性气流，ANL 是靠自动呼吸装置进行调节和控制。在国内我们未能找到同类产品。在兄弟单位协助下，结合以往经验设计加工了两个单向铝制阀门和一个联结面罩的铝制三通，由一个塑料薄膜充气袋和无氡空气钢瓶相连，起到了自动呼吸装置的作用，降低了造价，节省了外汇。

2.3.3　ANL在气体收集罐上端所加的负高压为5.8kV[2]。我们的实验证明，当所加负高压提高到9.0kV时，罐对钍射气子体的收集效率可以提高一倍以上，这对于本系统总效率达到70%起到了关键性的作用。

综上所述，可以认为本测量系统的灵敏度、准确度和稳定性方面均达到了国际先进水平，在国内居于领先地位。

## 2.4　基本原理

本测量系统包括呼出气中钍射气子体的收集和测量两部分。

收集部分的基本原理是基于人呼出气中的钍射气衰变产生的新生$^{212}$Pb原子中85%～88%带正电荷（图2-1），在负高压电场作用下就可以把它们收集在铜板电极表面Mylar膜的硫化锌上。铜板电极是安装在一个体积为36.8升的不锈钢圆柱形集气罐顶部，铜板电极与9.0kV的负高压装置相连，在呼出气流通过集气罐过程中由钍射气衰变产生的带正电的$^{212}$Pb原子就可以被吸附在铜板电极游离面上的硫化锌闪烁Mylar膜表面。

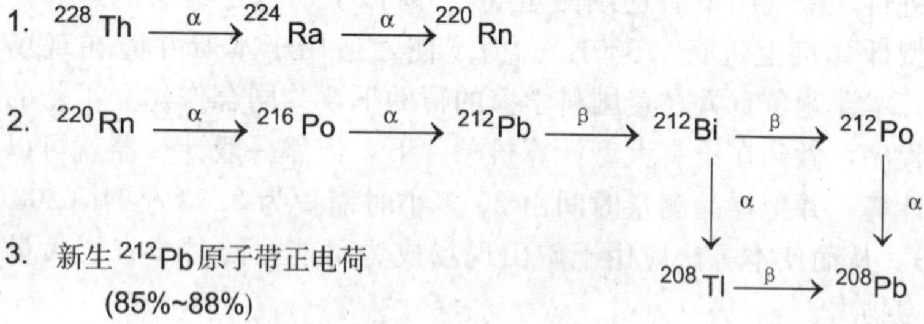


图2-1　基本原理

Figure 2-1　The basic theory of the method

测量部分是应用闪烁计数器记录$^{212}$Pb衰变至$^{208}$Pb过程中所发射出的α粒子（见图2-1）。为了提高计数效率，表面上吸附有$^{212}$Pb原子的铜板电极被放入一个底部也粘有一片硫化锌 Mylar 膜的有机玻璃样品盘的圆形凹槽内，使所吸附的$^{212}$Pb 原子处在上下两个硫化锌 Mylar 膜中间。将这个样品盘直接放在光电倍加管上方，从而使$^{212}$Pb 子体发射出的 α 粒子计数效率接近 100%（4π）。样品测量是在采气结束后 4 小时进行，这是为了使同时收集在电极上的氡的短寿命子体几乎全部衰变掉。为了得到足够的 α 计数，测量总时间为 200 分钟。经过一定计算，对放射性衰变和计数效率等因子进行校正后所得出的最后结果是用口腔中游离的能产生射气的$^{224}$Ra 的活度表示（freely emanating radium－224 at the mouth）。这里不采用每升呼出气中钍射气活度作为单位，是为了降低由于被检者呼吸频率的变动而引起的误差。

## 2.5 本方法所用的仪器设备

2.5.1 容积为 36.8 升的圆柱形不锈钢集气罐，顶盖中央装有可卸的绝缘电极，其上端能连接负高压电源，下端则可旋上钢板电极；

2.5.2 实验室用的负高压装置（0～10kV）；

2.5.3 9856 KA 型低暗电流光电倍加管；

2.5.4 ASP－415/16α 硫化锌磷光体聚酯薄膜；

2.5.5 国产 FH－454 自动定标器和交流稳压电源；

2.5.6 高空飞行用隔绝式面罩；

2.5.7 铝制带阀门圆形呼吸器；

2.5.8 塑料薄膜气袋和氧气袋；

2.5.9 铝制三通和紫铜三通；

2.5.10 湿式气体流量计；

2.5.11 装有标准老硝酸钍溶液的射气发生瓶（容积为 250 毫升）；

2.5.12 粘有硫化锌 Mylar 膜的有机玻璃样品盘。

图 2-2 装在电极上的粘有 ZnS Mylar 膜的有机玻璃样品盘
Figure 2-2 The Mylar disk covered with ZnS

## 2.6 本方法的刻度过程

刻度的目的是为了确定本方法的总效率。

总效率就是被测者呼出气中的钍射气原子在 36.8 升集气罐内衰变的百分数，在集气罐内产生的钍射气的衰变产物的离子在铜板电极硫化锌磷光体层上衰变的百分数，以及 α 闪烁计数器的计数效率三者的乘积。

进行刻度前先用固体 α 源（$^{239}Pu$）选择闪烁计数器的最佳工作条件，然后将一个干净的带有铜板电极的有机玻璃托盘放进闪烁计数器的光电倍加管上方，测出计数器在这种条件下的本底，本测量系统在实验室连续测定了 10 天，每天连续测定 8 小时，本底的平均值为每分钟 0.003±0.00025 次计数，相当于每 24 小时 4～5 次计数，（ANL 为～7 次计数/24 小时）。

在所选定的最佳工作条件下研究集气罐电极上所带不同负高压和

相对收集效率间的相互关系，旨在选择最佳负高压值。实验方法是用压缩无氡空气或纯氮，以每分钟 1.2 升的流速从装有 38.4Bq 的$^{232}$Th 的液体源中不断产生的钍射气驱赶至集气罐内 50 分钟，在一定负高压条件下收集钍射气子体并进行测定，以观察不同负高压时铜板电极对钍射气子体的不同收集效率，结果见表 2－1。从表 2－1 可见，负高压超过 5.8kV 时收集效率继续增长，我们选择了 9.0kV 作为集气罐收集钍射气子体时的负高压值。

表 2－1　不同负高压条件下的钍射气子体收集效率

Table 2－1　The collection efficiency of thoron progeny under different negative high voltage

| 负高压（kV） | 相对效率（±标准误）* |
|---|---|
| 0 | |
| 3.0 | 0.40±0.012 |
| 5.0 | 0.36±0.011 |
| 6.0 | 0.43±0.012 |
| 7.0 | 0.69±0.017 |
| 8.0 | 0.76±0.018 |
| 9.0 | 0.89±0.02 |
| 9.8 | 1.00 |

*　标准误是指计数测量误差。

在确定以上各种条件后，进一步可得出总效率。总效率 E 的含义可用下列表达式表示[3]：

$$E=f_{\lambda}f_{c}\eta \qquad (1)$$

式中：$f_{\lambda}$为呼出气中钍射气原子在集气罐内衰变的分数

$f_c$ 表示在集气罐内产生的$^{212}$Pb 在硫化锌闪烁体层上衰变的分数

$\eta$为百分计数效率

$f_{\lambda}$是在下列假设条件下求得的

假定进入到集气罐内的呼出气没有与罐内已存在的空气混合，那么在面罩内和在用来连接面罩和集气罐的塑料管内未衰变并进入到罐内的钍射气原子占呼出气中钍射气原子总数的分数 $f_s$，可以从 Evans 提出的下列表达式中求得。

$$f_s = e^{-\lambda v/R} \tag{2}$$

式中：λ 是钍射气的放射性衰变常数（0.76 分$^{-1}$）

v 是面罩的空间体积加上连接面罩和集气罐的塑料管的空间体积（升）

R 为呼出气流的流速（升/分）

至于进入到集气罐内的钍射气原子在罐内衰变的分数则用 $f_D$ 表示。根据 Evans 的文章，$f_D$ 可以通过下式计算得到。

$$f_D = 1 - e^{-\lambda V/R} \tag{3}$$

上式中的 V 是集气罐的容积。λ 和 R 的含义见上述表达式（2）。这样，$f_\lambda$ 就将是 $f_s$ 和 $f_D$ 的乘积，因此对于平稳气流，

$$f_\lambda = e^{-\lambda v/R} - e^{-\lambda(v+V)/R} \tag{4}$$

在求得 $f_\lambda$ 值之后，乘上 Kuchta 等提供的在流量为 1.2 升/分时的百分产气效率 0.815，再乘上射气发生瓶内 $^{232}$Th 标准溶液的活性就可以得到在刻度试验中能游离产气的 $^{224}$Ra 的有效活性。

在求得 $^{224}$Ra 的有效活性之后，再根据下列表达式（5），通过一系列计算便能求得总效率 E（详见附录）。

$$B\lambda_B = FXE\ (1 - e^{-\lambda_B \cdot t}) \tag{5}$$

式中：F 是被驱赶出（或呼出）的钍射气原子占标准钍溶液（或人体）内 $^{224}$Ra 衰变产生的钍射气原子的分数

X 是标准钍溶液内（或体内）$^{224}$Ra 的总活性

E 是收集和计数装置的总效率

$\lambda_B$ 是 $^{212}$Pb 的放射性衰变常数，为 $1.82 \times 10^{-5}$ 秒$^{-1}$

$B\lambda_B$ 为沉积在铜板电极硫化锌磷光体层上 ThB（$^{212}$Pb）的活性

呼出气的测定结果是用体外钍射气的活性表示，相当于（5）式中的 FX。总效率的确定是根据一系列不同呼吸分-容积（respiratory minute-volumes）确定的。

求总效率 E 的刻度过程介绍如下：

刻度过程所用设备和相互连接见图 2-3。

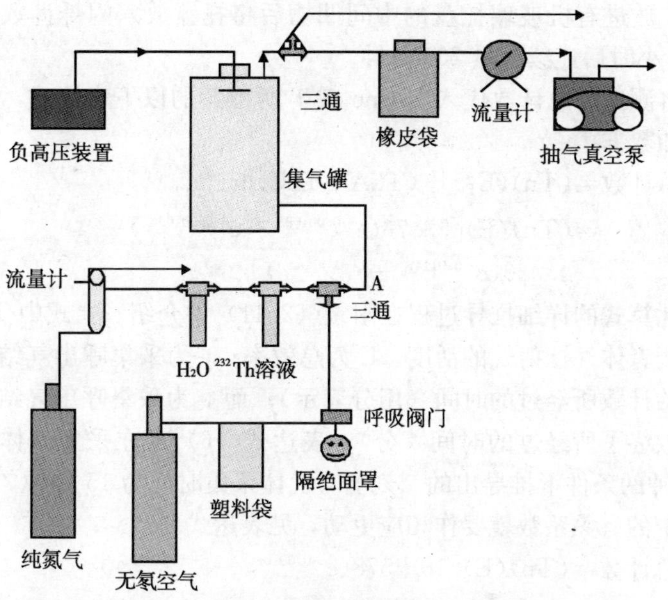


**图 2-3 用于收集呼出气衰变产物装置图以及用于刻度实验的射气发生装置图，后一套装置与前者在 A 点相连**

Figure 2-3 The instrument used in collecting exhaled thoron progeny and the thoron emanating set used in calibration, the latter connected with the former in point A

刻度源为一个空气容积为 250 毫升的射气发生瓶，装有 100 毫升经 1 N HC1 稀释了的标准老硝酸钍溶液（$^{232}$Th 同其衰变产物 $^{228}$Ra、$^{228}$Th 和 $^{224}$Ra 处于放射性的永久平衡）。我们所用的标准老硝酸钍溶液中含钍量为 24.90 毫克（101.4Bq）。

实验开始时先以每分钟流量为 1.2 升的压缩无氡空气或纯氮通过射气发生瓶，将钍射气驱赶至集气罐内，经 5 分钟后，将一戴有面罩正吸入无氡空气的人的呼气塑料管与铝制三通的中间进气口相连，同时将集气罐铜板电极上的负高压调至 9.0kV，并立即开动抽气真空泵，使正常人的呼出气更加顺利地和来自射气发生瓶的气流一起通过集气罐。经采气 15 分钟后，关闭高压电源，记下总流量，取下铜板电极，放进有机玻璃托盘的中间凹槽后将托盘放入闪烁计数器外壳内，4小时后连续测量200分钟。

将测出的总计数代入 Keane A T 所推荐的以下表达式，就能得到未知数 E。

$$\text{总计数}=(\text{Tn})(E_T)\int_{t_1}^{t_2}(\text{ThA}+\text{ThC})dt$$
$$=(\text{Tn})(\text{E})[53.76(e^{-0.00109t_1}-e^{-0.00109t_2})-4.026(e^{-0.0114t_1}-e^{-0.0114t_2})] \quad (6)$$

此算式的详细推导过程在附录（2.11）中介绍。上式中 Tn 就是指被测者体外钍射气的活度。E 为总效率；$t_1$ 为采集呼出气结束后直到开始计数所经过的时间（用分表示）；而 $t_2$ 为采集呼出气结束后直到计数终了所经过的时间（分）。表达式（6）是在采集气体时间为50分钟的条件下推导出的。刻度时气体采集时间为15分钟，表达式（6）中的有关系数就要作相应更动，见表达式（7）。

$$\text{总计数}=(\text{Tn})(\text{E})[16.4578(e^{-0.00109t_1}-e^{-0.00109t_2})-1.458(e^{-0.0114t_1}-e^{-0.0114t_2})] \quad (7)$$

此外，根据 Keane A T[3] 提供的方程式可以得出在采集呼出气时间为50分钟的条件下，电极上的 ThB 的活性相对于 $^{220}$Rn 活性之间的比值为：

$$\frac{\text{ThB}}{\text{Tn}}=1+0.0000042e^{-260(50)}-1.0000042e^{-0.00109(50)}$$
$$\approx 1-e^{-0.00109(50)}=0.0530 \quad (8)$$

在采集呼出气时间为15分钟条件下，（8）式就变成：

$$\frac{\text{ThB}}{\text{Tn}}=1+0.0000042e^{-260(15)}-1.0000042e^{-0.00109(15)}$$
$$\approx 1-e^{-0.00109(15)}=0.016 \quad (9)$$

这样，将（9）式代入算式（7）之后，我们就可以在已知总计数的条件下，得到总效率 E 和 ThB 活性之间相关的一个简单的方程式。把这个简单的方程式代入方程式（5），便可以求得总效率 E 的具体数值。在附录（2.11）中有实例供参考。

我们11次实验（其中7次结合人的呼吸）所得到的 E 值见下表。

**表 2-2　在 8 个平均流速（实验值）为 R 的条件下所得到的总效率 E、$f_\lambda$ 的预期值和 $f_c\eta$ 的导出值**

**Table 2-2　Under the condition of 8 average flow rate equals R (experiment value), the total efficiency E, expected value of $f_\lambda$ and the derived value of $f_c\eta$ are obtained**

| R（升/分） | E[a]（观察值） | $f_\lambda$（预期值）[b] | $f_c\eta$（第 2 列÷第 3 列） | E（校正值）[c] |
|---|---|---|---|---|
| | 0.50 | | | |
| 1.2 | 0.56 | 0.75 | 0.67±0.026 | 0.64±0.024 |
| | 0.48 | | | |
| | 0.55 | | | |
| 6.53 | 0.53 | 0.75 | 0.71 | 0.66 |
| 7.02 | 0.56 | 0.75 | 0.75 | 0.70 |
| 9.94 | 0.54 | 0.76 | 0.71 | 0.68 |
| 5.91 | 0.54 | 0.75 | 0.72 | 0.68 |
| 4.74 | 0.58 | 0.75 | 0.77 | 0.73 |
| 8.67 | 0.56 | 0.75 | 0.75 | 0.70 |
| 10.96 | 0.60 | 0.76 | 0.79 | 0.75 |
| 平均值（n＝7） | | | 0.74 | 0.70 |
| 标准误 S.E | | | 0.012 | 0.012 |
| 标准差 S.D | | | 0.031 | 0.031 |

从表 2-2 可以看出经校正后的 E 的平均值为 0.70。

a. E、$f_\lambda$ 和 $f_c\eta$ 均无量纲

b. 根据方程式　$f_\lambda = e^{-\lambda v/R} - e^{-\lambda(v+V)/R}$

（v＝0.43 升，V＝36 升）

c. $（校正值）= 第 2 列 \times \frac{0.94（测人时的 f_\lambda 值）}{0.75（刻度时的 f_\lambda 值）}$

## 2.7　呼出气中钍射气子体的收集和测定

在集气罐通上 9.0kV 负高压开始收集呼出气中钍射气子体之前，

先让被检者边吸入无氡空气边将呼出气通过集气罐 15 分钟，这是为了将被检者肺内原有的来自周围环境空气中的钍射气的活度降低，同时也达到了转换集气罐内原有空气的目的。15 分钟换气结束后，立即通上负高压，由铜板电极收集呼出气中的钍射气子体 50 分钟。4 小时后，用闪烁计数器测定在 200 分钟内的总 α 计数，减去相应的本底值之后，代入方程式（6）便能得到被检者呼出气中的$^{224}$Ra 的活度，根据此值就能进一步算出被检者肺内$^{232}$Th 的活度，这是由于 Stehney 等分别用整体测量和呼出气中钍射气子体活度测量两种方法，对 68 名钍作业工人进行了测定，求得被检者口腔中能产生射气的$^{224}$Ra 的活度同滞留在胸腔内的$^{212}$Bi 活度之间的平均比值为 0.101。有了这个比值，通过简单的计算，就可以根据口腔中$^{224}$Ra 的活度求得被检者滞留在胸腔内（或肺内）的$^{212}$Bi 的活度，再把这两种核素的活度直接相加，得到的就是被检者肺内$^{232}$Th 的活度。当然，这是以$^{232}$Th 衰变链处于放射平衡为前提的。必须指出，这样得到的$^{232}$Th 的活度只代表钍在肺内实际滞留量的下限值[4]，因为$^{228}$Th 衰变产生的$^{224}$Ra 可能被排泄走一部分，而$^{228}$Th 的活度不一定等于$^{228}$Ra的活度，而$^{228}$Ra 的活度又不一定等于$^{232}$Th 的活度。

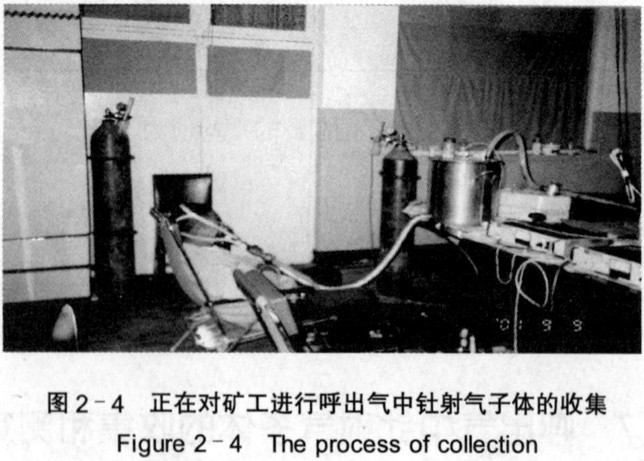

**图 2-4　正在对矿工进行呼出气中钍射气子体的收集**

**Figure 2-4　The process of collection the exhaled thoron progeny activity of a miner**

## 2.8 测定结果的总误差

本方法测定出结果后所包括的三项误差为测量计数误差，和说明被检者体内钍射气被呼出的分数在时间上变异性的体外钍射气活性中值变异系数（the median coefficient of variation of thoron activity outside the body），以及总效率E的相对系统误差。

测量计数误差根据所测出的总计数，本底计数以及测量总时间就能计算得到。

对9名白云矿钍尘作业工人的呼出气中钍射气活度进行重复测量，结果所求得的中值变异系数为±17%（表2-3）。此值与ANL的±15%接近[5]。

$f_c\eta$（表2-2）值分布的相对标准误（±3.1%）是被解释为总效率E值的相对系统标准误。对于人体外钍射气活度的单次测定的总的标准误是：

$$[(0.17)^2+(0.031)^2+c^2]^{\frac{1}{2}}\,FX$$

c是α粒子计数结果的百分标准误，FX为人体外钍射气活度。

用上式进行计算，当肺内钍沉积量为6pCi时，总误差为±47%。

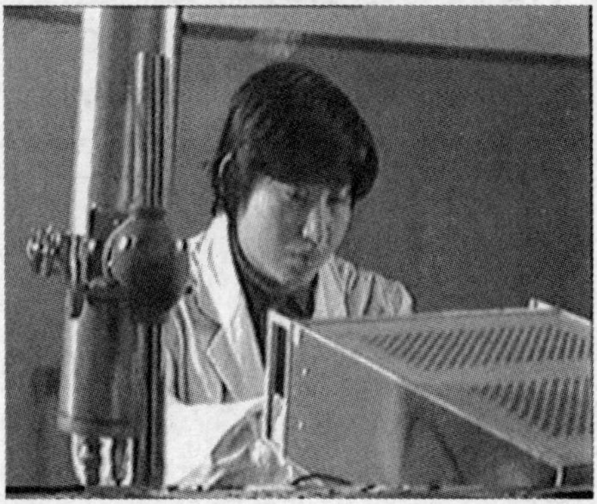

图2-5 杨英杰副主任技师在对样品的α计数进行测定

Figure 2-5 Dr. Yang Ying-jie was doing the measurement of α counts of a sample

## 2.9 本方法的初步应用和评价

方法建成后，在白云鄂博等地进行了1158人次的测定，证明本方法具有灵敏度高和稳定性好两个特点。1983年所进行的测定结果（见表2-4）可以作为说明其灵敏度高的一个实例。因为从它的测定结果能清楚地看出白云矿的工人和对照人员口腔中$^{224}$Ra的活度确实高于无钍尘污染史的其他作业人员。

此外，表2-3所列是对9名钍尘作业工人在间隔1～6周后，对其呼出气中钍射气活度进行重复测量后求得的体外钍射气活度的中值变异系数。当然，这个数值是用来说明被检者体内钍射气被呼出的分数在时间上的变异性，这是由人体的生理状况所决定的。我们所求得的中值变异系数值为0.17，高于ANL的0.15，但都是比较低的，这从另一方面也说明了本系统的稳定性较好，因而所测出数值的重复性也比较好。

从表2-3可以看出变异系数的次序为：0.06，0.11，0.11，0.12，0.17，0.21，0.24，0.25，0.44，因此0.17为中值变异系数。

**表2-3 对白云矿9名作业工人的呼出气进行重复测定时体外钍射气活度的中值变异系数（C.V.）**

Table **2-3** The result of median variance coefficient (C.V.) of thoron activity outside the body of **9** miners of Bayan Obo Mine

| 工人姓名 | 测定日期 | 口腔中游离产气$^{224}$Ra值pCi | 变异系数 |
|---|---|---|---|
| 周×× | 1983.8.19 | 1.81±0.40 | C.V. $=\frac{0.184}{1.68}=0.11$ |
| | 1983.9.19 | 1.55±0.37 | |
| 肖×× | 1983.8.4 | 2.29±0.45 | C.V. $=\frac{0.488}{1.945}=0.25$ |
| | 1983.9.19 | 1.60±0.40 | |
| 张×× | 1983.8.9 | 2.44±0.48 | C.V. $=\frac{1.563}{3.545}=0.44$ |
| | 1983.9.19 | 4.65±0.62 | |
| 陈×× | 1983.8.23 | 5.14±0.66 | C.V. $=\frac{0.516}{4.775}=0.11$ |
| | 1983.9.20 | 4.41±0.61 | |

续表

| 工人姓名 | 测定日期 | 口腔中游离产气$^{224}Ra$值 pCi | 变异系数 |
|---|---|---|---|
| 林×× | 1983.8.4 | 2.78±0.49 | $C.V.=\frac{0.580}{2.37}=0.24$ |
| | 1983.9.20 | 1.96±0.41 | |
| 田×× | 1983.8.24 | 2.61±0.48 | $C.V.=\frac{0.516}{2.975}=0.17$ |
| | 1983.9.20 | 3.34±0.53 | |
| 柴×× | 1983.8.9 | 1.87±0.40 | $C.V.=\frac{0.346}{1.625}=0.21$ |
| | 1983.9.20 | 1.38±0.35 | |
| 李×× | 1983.8.6 | 1.71±0.39 | $C.V.=\frac{0.233}{1.875}=0.12$ |
| | 1983.9.20 | 2.04±0.44 | |
| 刘×× | 1983.9.20 | 0.98±0.30 | $C.V.=\frac{0.057}{0.94}=0.06$ |
| | 1983.9.26 | 0.90±0.29 | |

**表 2-4　162 人（173 人次）呼出气中钍射气活性的测定值**

**Table 2-4　The measurement value of exhaled thoron activity of 162 persons (173 person measurements)**

| 单位名称及人数 | 口腔中能产射气的$^{224}Ra$的活度平均值（M±S.E.）pCi* |
|---|---|
| 白云铁矿 130 名接尘工人 | 2.14±0.033 |
| 白云矿区 10 名对照人员（吸烟者 5 人） | 0.78±0.168 |
| 卡布其石灰石矿 6 名接尘工人（吸烟者 4 人） | 0.44±0.32 |
| 本所工作人员 16 人（27 人次，吸烟者 7 人） | 0.46±0.24 |

*　1pCi=0.037Bq；1Bq=27pCi。

为了进一步对本方法的技术性能作出评价，根据本方法建立和应用过程中的有关实验数据，和我所 1979 年建立的 FD-125 闪烁室直接测定呼出气流中钍射气浓度法[1]以及 ANL 现用方法进行了比较，并分别列在表 2-5 和表 2-6 内。

**表 2－5 本方法和我所原有方法灵敏度等方面的比较**

**Table 2－5 A comparison of the sensitivity etc. between this method and the original one of our laboratory**

| 方法名称 | 建成时间（年） | 计数器本底（计数/分） | 探测肺内$^{228}$Th 不同*沉积量时的总误差（pCi） | 测量总时间（分） |
|---|---|---|---|---|
| 静电收集呼出气中钍射气子体法 | 1983 | 0.003 | 10±3.7<br>6±2.82 | 200 |
| FD－125 闪烁室直接测定钍射气法 | 1979 | 0.40 | 120±63.6<br>60±57.0 | 30 |

* 静电法的总误差是计数测量误差，体外钍射气活度中值变异系数和总效率 E 值的相对系统误差三者的叠加。FD－125 闪烁法仅为计数测量误差。

从表 2－5 可以看出，本方法在探测肺内$^{228}$Th 和$^{232}$Th 的沉积量为 6pCi 时，其相对总误差仅仅为±47%，而我所 1979 年建立的方法，当肺内$^{228}$Th 沉积量为 60 pCi 时，单纯测量相对误差为±95%，而只有当肺内$^{228}$Th 沉积量达到 120 pCi 时，计数测量误差才降至±53%，这就是为什么说本方法的灵敏度和我所原有方法相比提高了 20 倍。

**表 2－6 本方法和 ANL 现用方法的比较**

**Table 2－6 A comparison between this method and that of ANL**

| | 本方法 | ANL 现用方法 |
|---|---|---|
| 计数器本底(计数/分) | 0.003 | 0.005 |
| 体外钍射气活度的中值变异系数 | ±17% | ±15% |
| 总效率(%) | 70 | 50 |
| 对体外钍射气活度最小可探测限值(pCi)(零活性+2σ) | 0.19 | 0.27 |
| 职业性钍污染的探测下限(pCi)(口腔中$^{224}$Ra) | 1.84* | 2.0 |
| 被检者口腔中产气$^{224}$Ra 活度和探测总误差 | 1～100pci<br>[±(0.35～1.9)pCi] | 1～100pCi<br>[±(0.30～20)pCi] |
| 测量时间(小时) | 3.33+ | 30+ |
| 造价估计值(美元) | 2000～3000 | 20000～30000 |

* 这是根据白云鄂博矿区非钍尘作业人员口腔中$^{224}$Ra 活度的测定值求得的。

从表2－6则可以看出，本方法整个系统的总效率明显高于ANL，其他几项指标除个别略逊于ANL外，多数指标稍有超过。由于本系统进行样品测量的总时间明显缩短，导致被检者口腔中产气$^{224}$Ra的活度为1 pCi时，应用本系统探测时所带来的总误差比ANL的相应值稍高，但总的说来本测量系统的主要指标基本达到了ANL的水平，而ANL现用呼出气中钍射气活度测量系统的灵敏度在国际上居于领先水平。

## 2.10 小 结

本文介绍了一套新建立的用静电收集人呼出气中钍射气子体确定钍射气活度的测量系统[6]。内容包括这个系统的基本原理、设备、刻度、测定及初步应用。这是一套适合现场调查的测量系统，是在美国阿贡国立实验室人类放射生物中心所学到的基本经验和技术的基础上有所创新建立的，对所用设备、收集条件、测量时间和计算方法等方面都作了一定修改。在测量时间由30多小时缩短为3个多小时的条件下，由于将集气罐上的负高压由ANL使用的5.8kV提高到9.0kV，使整个系统的总效率由ANL的50%提高到70%，从而使本装置达到了较高的灵敏度。整个系统对体外钍射气活性最小可探测限（零活性$\pm 2\sigma$）为0.19pCi。当人肺内钍的沉积量为6pCi的条件下，总误差为±47%，达到了ICRP第10号出版物对肺内沉积钍用呼出气进行探测时的限值——1/10个调查水平，即6.0pCi。本系统所用闪烁计数器的本底平均值为0.003计数/分（每天测8小时，共测了10天）。

感谢美国科学家Rundo博士、Joanne Sha女士、Keane先生、Markun先生在我们学习和建立本方法过程中所给予的指导和帮助。

## 2.11 附 录

本附录主要是说明在正文中提到的方程式（6）的推导过程和求得总效率E的过程，全部内容是按照美国阿贡国立实验室人类放射生物中心的数学家 Keane A T 先生专为本方法所写的“Analysis of counting results obtained from electrostatic collection of $^{222}Rn$ and $^{220}Rn$ decay products in the breath - sampling apparatus”一文翻译改写而成。

### 2.11.1 放射性增长和衰变的通用 Bate man 方程式

让 $N_{n-1}$ 为母体原子数，

$\lambda_{n-1}$ 为 $N_{n-1}$ 的放射性衰变常数，

$N_n$ 为 $N_{n-1}$ 衰变产生的原子数，

$\lambda_n$ 为 $N_n$ 的放射性衰变常数，

$N_n$ 子体原子的改变率为 $\frac{dN_n}{dt}=N_{n-1}\lambda_{n-1}-N_n\lambda_n$

$$\therefore\quad N_n=N_0\left(h_0e^{-\lambda_0 t}+h_1e^{-\lambda_1 t}+h_2e^{-\lambda_2 t}+\cdots+h_ne^{-\lambda_n t}\right)$$

这里，对于 n=0，$h_{n-1}$ 和 n>0，$\sum_{i=0}^{i=n}hi=0$

以及 $h_0=\frac{\lambda_0}{\lambda_n-\lambda_0}\cdot\frac{\lambda_1}{\lambda_1-\lambda_0}\cdot\frac{\lambda_2}{\lambda_2-\lambda_0}\cdots\frac{\lambda_{n-1}}{\lambda_{n-1}-\lambda_0}$

### 2.11.2 钍射气衰变产物增长的方程式

让 $N_n$、$\lambda_n$ 是钍射气及其母体的活度 ⊆ 常数，即以及 $N_1$、$N_2$ 和 $N_3$ 为钍射气衰变产物

$$\frac{(N_1\lambda_1)_t}{N_0\lambda_0}=1-e^{-\lambda_1 t} \tag{1}$$

$$\frac{(N_2\lambda_2)_t}{N_0\lambda_0}=1-\frac{\lambda_2}{\lambda_2-\lambda_1}e^{-\lambda_1 t}+\frac{\lambda_1}{\lambda_2-\lambda_1}e^{-\lambda_2 t} \tag{2}$$

$$\frac{(N_3\lambda_3)_t}{N_0\lambda_0}=1-\frac{\lambda_2\lambda_3}{(\lambda_3-\lambda_1)(\lambda_2-\lambda_3)}e^{-\lambda_1 t}-\frac{\lambda_1\lambda_3}{(\lambda_1-\lambda_2)(\lambda_3-\lambda_2)}e^{-\lambda_2 t}-\frac{\lambda_1\lambda_2}{(\lambda_1-\lambda_2)(\lambda_2-\lambda_3)}e^{-\lambda_3 t} \tag{3}$$

上面（1）～（3）三个方程式是描述在呼吸气收集阶段在电极上的钍射气衰变产物的增长情况，假定全部衰变产物被收集到，也就是效率为 100%，t 代表采集呼出气的时间。

### 2.11.3 在50分钟收集呼出结束时，电极上的钍射气衰变产物的相对活性（相对于钍射气的活性）

钍射气衰变产物的放射性衰变常数（$\lambda_i$）为：

| | |
|---|---|
| $^{216}Po$（ThA） | 260 分$^{-1}$ |
| $^{212}Pb$（ThB） | 0.00109 分$^{-1}$ |
| $^{212}Bi$（ThC） | 0.0114 分$^{-1}$ |

根据上述方程式（1），（2），（3）就可以得到：

$$\frac{\text{ThA}}{\text{Tn}}=1-e^{-260(50)}\approx 1 \quad (4)$$

$$\frac{\text{ThB}}{\text{Tn}}=1+0.0000042\times e^{-260(50)}-1.0000042\times e^{-0.00109(50)}$$

$$=1-e^{-0.00109(50)}=0.0530 \quad (5)$$

$$\frac{\text{ThC}}{\text{Tn}}=1-(2\times 10^{-10})e^{-260(50)}-1.1057\ e^{-0.00109(50)}$$

$$+0.1057e^{-0.0114(50)}$$

$$\approx 1-1.1057e^{-0.00109(50)}+0.1057e^{-0.00114(50)} \quad (6)$$

$$=0.0127$$

### 2.11.4 50分钟采气结束后，在T时刻求钍射气衰变产物相对活性的方程式

在采气结束后，α辐射体 $N_1$ 和 $N_3$ 或它们的子体是按下列表达式随时间 T 变化。

$$(N_1\lambda_1)_T=(N_1\lambda_1)_t\, e^{-\lambda_1 T} \quad (7)$$

$$(N_3\lambda_3)_T=(N_3\lambda_3)_t e^{-\lambda_3 T}+(N_1\lambda_1)_t\Big(\frac{\lambda_2}{\lambda_3-\lambda_1}\cdot\frac{\lambda_3}{\lambda_3-\lambda_1}e^{-\lambda_1 T}$$

$$+\frac{\lambda_2}{\lambda_1-\lambda_2}\cdot\frac{\lambda_3}{\lambda_3-\lambda_2}e^{-\lambda_2 T}+\frac{\lambda_2}{\lambda_2-\lambda_3}\cdot\frac{\lambda_3}{\lambda_1-\lambda_3}e^{-\lambda_3 T}\Big)$$

$$+(N_2\lambda_2)_t\cdot\frac{\lambda_3}{\lambda_3-\lambda_2}(e^{-\lambda_3 T}-e^{-\lambda_2 T}) \quad (8)$$

上述(7)式是描述钍射气的第1个α-辐射衰变产物的衰变。(8)式是描述第二个β-辐射体的衰变和由于第一个α-辐射体在电极上衰

变而产生的第二个β-辐射体的衰变以及在采气时沉积在电极上的第一个β-辐射体的衰变。钍射气的第二个β-辐射体也发射α粒子。

### 2.11.5　在50分钟采集气体结束后的T分钟，α粒子的相对活性就是方程式(7)和(8)的相加

$$
\begin{aligned}
ThA+ThC &= (N_1\lambda_1)_t e^{-260T}+(N_3\lambda_3)_t e^{-0.0114T}+(N_1\lambda_1)_t\times \\
&\quad (2\times10^{-10}e^{-260T}+0.0000046e^{-0.00109T} \\
&\quad -0.0000046e^{-0.0114T})+(N_2\lambda_2)_t(1.1057)(e^{-0.00109T} \\
&\quad -e^{-0.0114T}) \\
&= (N_1\lambda_1)_t e^{-260T}+[(N_1\lambda_1)_t(0.0000046) \\
&\quad +(N_2\lambda_2)_t(1.1057)]e^{-0.00109T} \\
&\quad -[(0.0000046)(N_1\lambda_1)_t+(N_2\lambda_2)_t(1.1057) \\
&\quad -(N_3\lambda_3)_t]e^{-0.0114T}
\end{aligned}
$$

$$\therefore\quad ThA+ThC=e^{-260T}+0.0586\,e^{-0.00109\,T}-0.0459\,e^{-0.0114T} \tag{9}$$

### 2.11.6　在50分钟采气结束发生的某个时间间隔内，来自钍射气衰变产物的总累计数和呼出气中钍射气活性相互关系

在采样终了后的第$t_1$和第$t_2$分钟的间隔内所积累的总计数是方程式（9）时间积分后乘以总效率$E_T$和钍射气的活性（dpm）：

$$
\begin{aligned}
总计数 &= (Tn)(E_T)\int_{t_1}^{t_2}(ThA+ThC)dt \\
&= (Tn)(E_T)[53.76(e^{-0.00109t_1}-e^{-0.00109t_2}) \\
&\quad -4.062(e^{-0.0114t_1}-e^{-0.0114t_2})]
\end{aligned} \tag{10}
$$

在推导出方程式（10）时，方程式（9）的右侧第一项是把它等于0，（10）式中的（Tn）表示被测者体外的钍射气活性（dpm）。

当采气时间为50分钟，$t_1$和$t_2$分别为第240分和第440分时，（10）式就变成下式：

$$总计数=Tn\times E_T\times7.873\quad(dpm) \tag{11}$$

在配合人进行总效率刻度时，采气时间缩短为15分钟，$t_1$和$t_2$分别为第240分和第440分时，（10）式就变成下式：

$$总计数=Tn\times E_T\times2.40\quad(dpm) \tag{12}$$

从（11）式和（12）式就可以看出，在求得总效率 $E_T$ 之后，一旦测出了总计数，就可以求得被测者体外（或口腔中）钍射气的活性。

### 2.11.7 总效率在计算肺内$^{232}$Th 活度过程中的实际应用

在求得本测量系统的总效率为0.70后，上述公式（11）就变成

$$样品总计数 = Tn \times E_T \times 7.873 \quad (dpm)$$
$$= Tn \times 0.70 \times 7.873$$

$$Tn = \frac{总计数}{5.511} = 总计数 \times 0.18145 \quad (dpm)$$

$$Tn = \frac{总计数 \times 0.18145}{2.22} = 总计数 \times 0.081735 \quad (pCi)$$

$$Tn = \frac{总计数 \times 0.081735}{27} = 总计数 \times 0.00303 \quad (Bq)$$

上述各式中的 Tn 为被测者口腔中游离能产气$^{224}$Ra 当量活度(Emanating $^{224}$Ra equivalent at mouth，Bq)。

由于被检者口腔中能产气$^{224}$Ra 的活度同滞留在胸腔内的$^{212}$Bi 活度之间的平均值为0.101，有了这个比值，通过简单的计算就可以根据$^{224}$Ra 的活度求得被检者滞留在胸腔内（或肺内）的$^{212}$Bi 的活度，再把这两种核素的活度直接相加，得出的就是被检者肺内$^{232}$Th 的活度。其计算公式为：

$$y = \frac{x}{0.101} + x$$

式中y 为被检者肺内$^{232}$Th 活度

x 为被检者口腔中$^{224}$Ra 的活度

$\frac{x}{0.101}$ 被检者肺内$^{212}$Bi 的活度

上述公式是以$^{232}$Th 衰变链处于放射平衡为前提的。必须指出，这样得出的$^{232}$Th 的活度只代表钍在肺内实际滞留量的下限值，因为$^{228}$Th 衰变产生的$^{224}$Ra 可能被排泄走一部分，而$^{228}$Th 的活度不一定等于$^{228}$Ra 的活度；而$^{228}$Ra 的活度又不一定等于$^{232}$Th 的活度。根

据 Dr. Stebbings 的大量调查测定，对于被测者肺内 $^{232}Th$ 活度不超过 18.52Bq（500pCi）者，上述相加的结果应乘以 2。鉴于白云鄂博稀土铁共生矿矿工中无 1 人达到 18.52Bq，因此上述计算出的结果都应乘以 2。

### 2.11.8 测量结果总误差的计算方法

通过上述计算方法得出的每一个结果，都需要按下列公式计算出每一个结果的总误差。

$$总误差\ \sigma=\sqrt{\begin{array}{l}(计数测量误差)^2+(液体标准液的误差)^2\\+(固体标准液的误差)^2+(中值变异系数)^2\\+(刻度误差)^2\end{array}}$$

$$S=\sqrt{(\pm s)^2+(0.03)^2+(0.03)^2+(0.17)^2+(0.031)^2}$$

上述公式中的 2 个 0.03 都是相关厂家提供的。0.17 来自表 2-3，0.031 来自表 2-2。计算测量误差则按下式进行。

$$S=\sqrt{\frac{N_T/T+\sqrt{[(N_T/T\times N_t/t)]}}{[T(N_T/T-N_t/t)^2]}}$$

$N_T$＝总计数　　　　　　T＝测量样品总时间

$N_t$＝本底计数　　　　　　t＝测量本底总时间

### 2.11.9 计算总效率 E 的实例

我们在使用装有 24.9mg 钍的射气发生瓶进行鼓气的同时配合人的呼出气流，在集气罐装置负高压为 9000V 的条件下共采气 15 分钟，采气结束后第 240 分至第 440 分期间总测出来自铜板电极硫化锌 Mylar 膜表面的 α 粒子计数共 2815 次计数。代入方程式（12），便得出下列结果。

$$2818=Tn\times E\times 2.40$$

$$Tn=\frac{2818}{2.40\times E}=\frac{1174.17}{E}=\frac{19.57}{E}Bq$$

根据方程式（5），我们可以求得在采气时间为 15 分钟的条件下，ThB 与 Tn（钍射气）的相互关系为

$\frac{ThB}{Tn}=0.0162 \quad \frac{ThB}{Tn}=\frac{0.317}{E}Bq \quad (\because Tn=\frac{19.57}{E}Bq)$

根据正文中介绍的公式（5），总效率 E 和沉积在铜板电极上的 ThB 的活性和被测者口腔中钍射气活性的相互关系为：

$$E=\frac{B\lambda_B}{FX(1-e^{-\lambda_B t})}$$

上式中 $B\lambda_B$ 为 ThB 的活性，FX 为产气瓶标准钍溶液内的 $^{224}Ra$ 的有效活性。

在进行上述效率刻度时 $^{224}Ra$ 的有效活性为 $(0.75)\times(0.815)\times(24.9\times109\times0.037)=61.38Bq$

上式中 0.75 是 $f_\lambda$ 的值，表示呼出气中钍射气原子（在刻度时则指来自产气瓶内的钍射气原子）在集气罐内衰变的分数，是 $f_s$ 和 $f_D$ 的乘积。$f_s$ 和 $f_D$ 可以通过正文中的方程式（2）和方程式（3）得到。

式中 0.815 是当通过射气发生瓶的纯氮气流流速为每分钟 1.2 升时的百分产气效率（根据 Kuchta 等的实验数据）。

式中（24.9×109×0.037）是将射气发生瓶中以毫克为单位的钍换算成相应的 Bq 数。

现将 $ThB=\frac{0.317}{E}Bq$ 和 $^{224}Ra$ 的有效活性 61.38Bq 代入上式之后便得到下列算式：

$$E=\frac{0.317}{E\times61.38\times(1-e^{-\lambda_B t})}$$

$$E^2=\frac{0.317}{61.38\times0.0162}=0.319$$

$$E=0.56$$

由于进行刻度时的 V 值和正式测定人呼出气中钍射气活度时的 V 值并不相等，从而求得的 $f_\lambda$ 值也不相等，因此需要进一步对 E 值进行校正。

$$E(\text{校正值})=0.56\times\frac{0.94(\text{测人时的 } f_\lambda \text{ 值})}{0.75(\text{刻度时的 } f_\lambda \text{ 值})}=0.70$$

这就是我们正式进行测定时的总效率值。

# 参考文献

1 陈兴安等. 人呼出气中钍射气浓度测定方法的研究. 中华放射医学与防护杂志，1981，1：2

2 Keane A T，Brewster D R. Calibration of a decay-product collection and counting apparatus for the determination of exhaled thoron. Health Physics，1983，45（3）：801－805

3 Keane A T. Analysis of counting results obtained from electrostatic collection of $^{222}$Rn and $^{220}$Rn decay products in the breath-sampling apparatus（1982）.（Unpublished）

4 Toohey R E，et al. Measurement techiques for radium and actinides in man at the Center for Human Radiobiology. Health Physics，1983，44（1）：323－342

5 Keane A T，Brewster D R. Calibration of a decay-product collection and counting apparatus from the determination of exhaled thoron.（Unpublished）

6 陈兴安等. 根据静电收集的钍射气子体确定人呼出气中的钍射气活度. 中华放射医学与防护杂志，1985，3（3）：183－186

# 3 白云鄂博稀土铁矿矿工肺内钍活度的调查测定及评价

## 3.1 引 言

静电收集人体呼出气中钍射气子体以探测人体内各种放射性钍化合物的沉积情况比测量尿、便更为灵敏实用，对于吸入含不溶性二氧化钍粉尘尤为适用。近年来国内外已广泛应用于钍和稀土矿山、冶炼厂接触粉尘职工体内钍沉积情况的确定。我们利用高灵敏度呼出气中钍射气活度测定系统[1]，测定白云鄂博稀土矿接触粉尘工人呼出气中钍射气活度，推算其肺内天然钍的沉积量，并对其作出卫生评价，以便及时发现问题，提出相应的卫生防护措施。

## 3.2 样本抽样方法

为了能通过一个样本基本了解钍尘作业工人肺内天然钍沉积量的分布情况，从而对人体健康可能带来的危害作出估计。我们采用按比例分层随机抽样的方法，对白云鄂博稀土矿 1884 名接触粉尘的工人，按 7％的比例随机抽样，抽样对象计 138 人，对其中的 130 人进行了呼出气中钍射气活度的测定，并推算其肺内钍的沉积量。

## 3.3 呼出气中钍射气测定结果

利用负高压静电收集钍射气子体确定呼出气中钍射气的活度，并用口腔中产气的 $^{224}Ra$ 的等效活度表示，再根据 Stehney 等提供的口腔中产气的 $^{224}Ra$ 与滞留在胸膛内的 $^{212}Bi$ 的平均比值（0.101），可求得被测者滞留在胸膛内的 $^{212}Bi$ 的活度，将此活度值与上述口腔中产气的$^{224}Ra$的等效活度相加，则是被测者胸膛内滞留天然钍的活度。

### 3.3.1 工人呼出气中钍射气活度的分布

将130名被测工人按口腔中产气的$^{224}Ra$的等效活度分成8个组（见表3-2），发现其等效活度超过0.04Bq的为73人，占总人数的56.2%；超过0.07Bq的为24人，占18.5%；超过0.19Bq的为3人，占2.3%，而对卡布其石灰石矿和远离稀土矿区的工业卫生实验所的26名对照人员进行测定，结果尚未发现口腔中产气的$^{224}Ra$等效活度值超过0.04Bq者。说明白云鄂博矿接触粉尘工人肺内天然钍的沉积量高于本底水平的占多数，大约有五分之一超过矿工职业性钍沉积量的探测下限。

文献报道[2]，许多剂量分布，特别是剂量明显低于年剂量限值时具有对数正态分布的特征。以130名被测工人口腔中$^{224}Ra$的等效活度的对数值为横坐标，每区间的人数为纵坐标作图，结果如图3-1所示，基本符合正态分布。

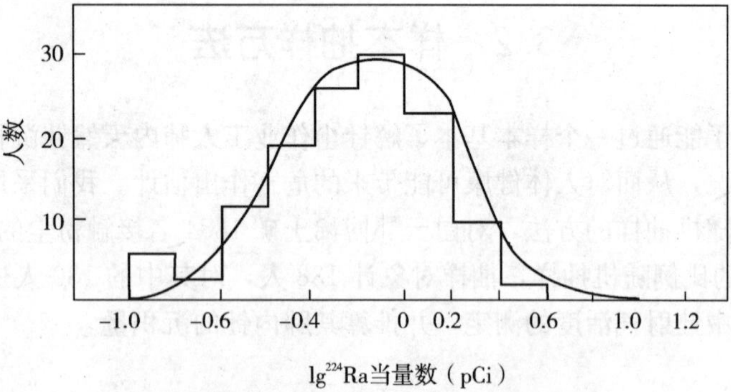


图3-1 被检工人口腔中$^{224}Ra$对数值分布（pCi）

Figure 3-1 The logarithm distribution of $^{224}Ra$ at the mouth of the workers examined (pCi)

### 3.3.2　工人肺内天然钍沉积量与接触年限的关系

130 名工人肺内天然钍的沉积量与接触年限的关系如图 3－2 所示。经检验，回归系数有非常显著的意义（$P<0.01$）。接触粉尘工人肺内钍的沉积量与接触年限呈线性关系。由图 3－2 可见，有 2 名工人肺内钍的沉积量超过了一个调查水平（2.22Bq），但尚无一人接近天然钍在人体肺内的最大允许负荷（111.11Bq）。

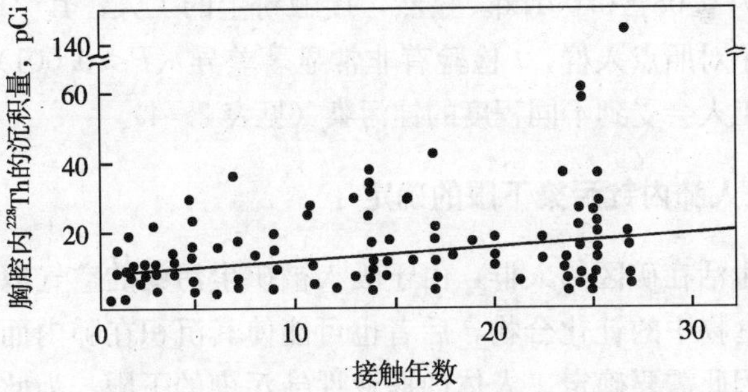


图 3－2　被检工人肺内天然钍沉积量与接触年限的关系

Figure 3－2　The relationship between the natural thorium lung burden and the exposure years

### 3.3.3　不同车间工人肺内天然钍沉积量比较

表 3－1 数据表明，破碎、采矿和运输三个车间工人肺内钍的沉积量分别超过 0.37Bq 的均占各车间被检人数的 50%以上，其中破碎车间达 85%。

表 3－1　不同车间工人肺内钍沉积量

Table 3－1　Thorium lung burden of the workers in different workshops

| 工　种 | 破　碎 | 采　矿 | 运　输 | 机　电 | 检　修 |
|---|---|---|---|---|---|
| 钍滞留量（Bq） | 0.95±0.25 | 0.46±0.06 | 0.47±0.04 | 0.29±0.07 | 0.63±0.33 |
| >0.37 者所占百分数（%） | 85 | 51.5 | 63 | 30.8 | 33.4 |

### 3.3.4 被检工人与对照点工人口腔中产气的$^{224}Ra$当量值比较

长期生活在稀土矿区的10名非粉尘作业者口腔中$^{224}Ra$的等效活度平均为0.03Bq，接触年限在25年以上的6名卡布其石灰石矿接触粉尘工人，其$^{224}Ra$的等效活度平均值为0.02±0.01Bq；远离稀土矿区的工业卫生实验所的16名职工，27次测定的$^{224}Ra$的等效活度平均值为0.02±0.09Bq；而白云鄂博矿130名接触粉尘工人，其$^{224}Ra$的等效活度平均值为0.08±0.001Bq。显然，接触粉尘的工人，其$^{224}Ra$的等效活度远高于对照点人群，$t$检验有非常显著差异（$P<0.001$），说明接触粉尘的工人会受到不同程度的钍污染（见表2-4）。

### 3.3.5 工人肺内钍污染下限的确定

长期生活在矿区的人群，由于吸入被矿尘污染的空气以及摄入矿区水源和食物中的钍化合物，后者也可能使其沉积在肺内而高于对照点人群，因此需要确定工人体内职业性钍污染的下限。为此随机测定了10名长期生活在该矿区非钍尘作业人员呼出气中钍射气活度，求出加权平均值为0.03Bq，标准差为±0.02Bq，以加权平均值加2倍标准差（0.07Bq）作为工人肺内职业性钍污染的下限。在被检的130名工人口腔中$^{224}Ra$等效活度值超过探测下限的共24人，占18.5%见表3-2。

表3-2 130名被测工人口腔中$^{224}Ra$的等效活度

Table 3-2 The equivalent activity of $^{224}Ra$ at the mouth of 130 workers examined

| 口腔中能度气$^{224}Ra$（Bq） | 被测人数 |
|---|---|
| 0.52～0.55 | 1 |
| 0.22～0.26 | 1 |
| 0.19～0.22 | 1 |
| 0.15～0.18 | 1 |
| 0.11～0.14 | 4 |
| 0.074～0.11 | 16 |
| 0.037～0.074 | 49 |
| <0.037 | 57 |

### 3.3.6 首次弄清了白云鄂博矿工肺内钍的水平

从1983～1994年，应用本测量系统对638名接尘矿工进行了1158次呼出气中钍射气活度的测定，以及对143名对照人员的143次测定，终于首次弄清了白云鄂博矿矿工肺内钍水平的实际情况。对接尘矿工进行的1158次呼出气中钍射气活度的测定，其肺内钍活度的平均值为1.60Bq，而143名对照人员肺内钍活度的平均值为0.30Bq。在638名接尘矿工中肺内钍沉积量低于2.22Bq（1个调查水平）的有585人（91.7%），最高1人为11.11Bq，见表3-3。连续10年，测出如此多的数据，在国内外居第一（经2003年11月19日科技部查新报告确认）。

**表3-3 638名矿工肺内钍活度的概况**

**Table 3-3 The thorium lung activity of 638 miners**

| 肺内钍活度（Bq） | 人数 |
|---|---|
| 11.11 | 1 |
| 8.89～11.07 | 5 |
| 6.67～8.85 | 2 |
| 4.44～6.63 | 2 |
| 2.22*～4.41 | 43 |
| <2.19 | 585 |

* 1个调查水平=2.22Bq

## 3.4 结论

通过1983～1994年的10年调查测定，在国内首次弄清了白云鄂博矿矿工肺内钍的水平。其最高1人肺内钍活度为11.11Bq，即达到了5个调查水平。根据638名接尘矿工肺内钍沉积量的分析，低于2.22Bq（1个调查水平）的为585人（91.7%），也即达到1个调查水平的矿工不到10%（调查水平就是指该单位领导发现若工人肺内钍达到一个调查水平时就要调查其达此水平的原因，以便采取防治措施）。

# 参考文献

1 陈兴安等．根据静电收集的钍射气子体确定人呼出气中的钍射气活度．中华放射医学防护杂志，1985，5（3）：183－186

2 UNSCEAR Report．Sources and biological effects，with annexes．New York：United Nations Publiction，1982，374

# 4 白云鄂博稀土铁矿接尘矿工肺内钍沉积量和周围血象的量效关系

## 4.1 引 言

白云鄂博铁矿自1958年建矿以来，矿工们迫切希望了解长期吸入的矿尘含有的0.04%的放射性钍是否会引起周围血象的异常。

根据文献调研，国外在20世纪60年代以前，这方面的资料很少。我们仅能找到的是1955年美国Roy Albert [1] 等发表的关于一个钍精炼工厂工业卫生和医学检查的一份调查报告。该厂是从独居石中提出钍和稀土，工人暴露在含有独居石矿和钍的各种盐类（其中包括氢氧化物、硫化合物和氟化合物）粉尘、以及钍射气子体、新钍的γ辐射的空气中。该厂建厂30年来，前后将近有700名工作人员，在一次调查时工人仅有84名，仅对其中在最高污染处工作的21名工人进行了详细的询问病史和体检。在周围血象方面，包括血红蛋白、白细胞总数和分类等均未见异常。

国内自60年代起，卫生部多次派专家组深入白云鄂博铁矿进行放射卫生现场调查和职业性查体，因此这方面的综合报告较多[2]。对周围血象的检查包括许多项目，如红细胞数、血红蛋白、白细胞计数和分类、白细胞的质变、网织红细胞数、血小板数。总的情况是多数报告都见到上述指标的变动，但很不一致；更由于没有工人肺内钍沉积量的资料，无法得出肺内钍沉积量同周围血象之间的相互关系。只能认为“长期吸入较高浓度钍尘的老工人，周围血象出现某些异常是存在的”。

1983年Conibear S A[3] 在国际上首先报道了长期吸入钍化合物的273名工人肺内钍的沉积量及其同全血计数各参数之间的相互关系，发现这些工人的全血计数同肺内钍负荷不相关。

因此，我们在建成了两套高灵敏度静电收集钍射气子体测量系统确定人呼出气中的钍射气活度的基础上，于1983年起在白云鄂博稀土铁矿开展了多年[4]的接尘矿工肺内钍沉积量和周围血象量效关系的研究并取得了突破性进展。

## 4.2 方法学

### 4.2.1 呼出气中钍射气活度的测量

呼出气中放射性钍射气活度的测量是采用负高压条件下静电装置，收集呼出气中钍射气的较长寿命的子体以确定呼出气中钍射气活度。其原理是呼出气中的钍射气的衰变产物$^{212}Pb$的85%～88%带正电。测出的钍射气活度是用口腔中能产气的$^{224}Ra$的当量活度表示[5]。根据Stehney[6]提供的转换系数，即当口腔中$^{224}Ra$的当量活度为3.7Bq时，肺内$^{232}Th$的活度将是37Bq（假定$^{232}Th$与$^{212}Bi$处于平衡），从而可以根据测出的任何产气$^{224}Ra$的当量活度得到肺内钍的活度。但由于$^{232}Th$和$^{212}Bi$之间没有足够时间达到平衡，以及$^{232}Th$的衰变链的中间产物$^{228}Ra$和$^{224}Ra$通过转移而离开肺，再加上一部分$^{220}Rn$被呼出，上述根据转换系数推算出的肺内$^{232}Th$的活度将低于被检者肺内$^{232}Th$的实际量，根据Stebbings的经验和白云鄂博矿矿工肺内钍的实际水平，所有估算出的肺内钍的活度，在本文中均乘以系数2[7]。

### 4.2.2 内科检查和外周血象常规检查

每位被检矿工在结束呼出气中钍活度测定后1周时间内，到该矿职工医院由1名内科副主任医师进行一般内科检查，并决定所做的血常规检查是否需要复查并进行分析评价。为了使数据可靠，外周血象常规检查均由2名有经验的检验师和检验士进行，对于一次检查有异常者进行复查。

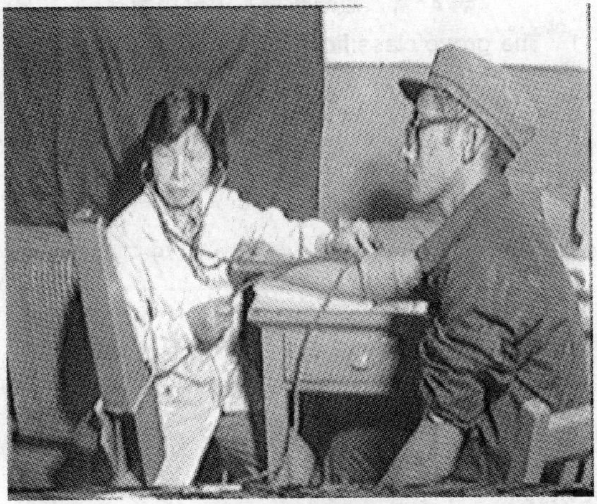

图 4－1 邓芸晖副主任医师正在为矿工测血压

Figure4－1 Dr. Deng Yun-hui was in measuring blood pressure for a miner

# 4.3 结 果

## 4.3.1 1983 年的研究结果

### 4.3.1.1 观察对象的一般概况

这次调查的对象，都是从主要接尘工种中随机抽样得来的。31 名工人中，以 25 名接尘工龄在 21 年以上的老工人为观察组，6 名工龄在 5.5 年以下的青年工人作为对照组。都采用静电收集呼出气中钍射气子体的方法，确定了被检的 31 名工人肺内天然钍的沉积量。老工人中肺内钍沉积是达到 1.85Bq 以上即接近一个调查水平 (2.22Bq) 为第Ⅰ组，高于 0.74Bq 以上、低于 1.85Bq 以下的为第Ⅱ组，在 0.74Bq 以下的为第Ⅲ组，青年工人为第Ⅳ组。除第Ⅲ组和第Ⅳ组比较外，Ⅰ、Ⅱ、Ⅲ组间工人的肺内钍沉积量有明显差别 ($P<0.01\sim0.001$)，说明以上分组是合适的。

表 4-1　破碎车间工人分组情况

Table 4-1　The group classification of workers in crushing workshop

| 组别 | 人数 | 平均年龄（岁） | 平均工龄（年） | 肺内钍沉积量（Bq） | |
|---|---|---|---|---|---|
| | | | | 范围 | $\overline{X}$±SD |
| Ⅰ | 8 | 49.4±3.89 | 25.3±1.28 | 2.05～3.60 | 2.44±0.49 |
| Ⅱ | 12 | 46.1±4.03 | 25.3±1.48 | 0.79～1.82 | 1.16±0.25 |
| Ⅲ | 5 | 45.1±3.21 | 25.2±1.30 | 0.23～0.73 | 0.49±0.18 |
| Ⅳ | 6 | 25.7±1.51 | 4.40±1.02 | 0.70～1.29 | 0.56±0.42 |

#### 4.3.1.2　肺内钍沉积量不同的 4 个组与 5 项周围血象指标的相互关系

现将 4 个组的总数为 31 名工人的肺内钍沉积量与 5 项周围血象的分组结果列于表 4-2。

表 4-2　各组外周血象的变化

Table 4-2　The change of peripheral blood parameters of different groups

| 组别 | 血红蛋白（g%） | 红细胞（$\times 10^4/mm^3$） | 白细胞（$/mm^3$） | 中性粒细胞（%） | 淋巴细胞（%） |
|---|---|---|---|---|---|
| Ⅰ | 16.31±1.69 | 456±22.0 | 5338±1274 | 59.0±9.64 | 39.4±9.02 |
| Ⅱ | 17.58±1.98 | 470±33.1 | 5179±1289 | 55.8±10.19 | 42.0±9.91 |
| Ⅲ | 10.70±1.75 | 468±40.4 | 5960±1137 | 54.0±14.56 | 44.4±14.81 |
| Ⅳ | 16.25±1.33 | 466±35.0 | 6500±2520 | 57.0±16.20 | 44.0±14.93 |

以上指标的各组平均值之间均进行了 $t$ 检查，$P$ 值均大于 0.05，说明各组均数间的差别无显著意义。这说明当工人肺内钍沉积量在一个调查水平（2.22Bq）左右时，外周血象的主要指标并不会出现明显的改变。

### 4.3.2　1984～1987 年研究结果

我们曾于 1984 年 6 月对白云鄂博铁矿破碎车间 31 名钍尘作业工

人（其中25人平均接尘工龄在25年以上）肺内钍沉积量与外周血象的相互关系作了初步的观察和分析，结果表明未能见到吸入钍对外周血象的任何影响[8]，但该次例数较少且只有一次观察结果。为进一步弄清肺内钍沉积量和肝功能及外周血象间的相互关系，我们从1985年起不仅扩大了调查人数，对破碎车间另外66名工龄长的工人进行了同样的调查和观察，并对其中根据每年随机抽出的51名老工人进行了连续4年的观察，每年仍以青年工人作为对照组，现将结果简述如下。

#### 4.3.2.1 观察对象的一般概况

这51名老工人平均接尘工龄在21.53年（1984年）以上，绝大部分都是从主要接尘工种（破碎工和皮带工）随机抽样得来的，都用静电收集呼出气中钍射气子体的方法确定了被检的工人肺内天然钍的沉积量，仍按沉积量进行了分组。凡肺内钍沉积量达到1.48Bq以上，一个调查水平（2.22Bq）以下的为第Ⅰ组，高于0.74Bq以上、低于1.48Bq以下的为第Ⅱ组，在0.74Bq以下的为第Ⅲ组，青年工人作为对照组（即第Ⅳ组），对他们都进行了一般内科检查［包括身高、体重、血压、胸腹部及槌状指（趾）检查］和周围血象的检查。周围血象仍包括红、白细胞总数，嗜中性粒细胞和淋巴细胞分类以及血红蛋白等项目。从不同的方面直接观察。目的是为了进一步弄清一定水平的肺内钍沉积量对健康是否有一定影响。

#### 4.3.2.2 肺内钍负荷不同的4个组与5项周围血象指标连续4年的相互关系

现将总数为51名平均接尘工龄为21.53年的老工人按肺内钍负荷不同分为4个组，其与5项周围血象指标的相互关系分别列在表4-3和表4-4。

表4-3 破碎车间工人分组情况（$\bar{X}$±SD）(1984～1987年)

Table 4-3 The group classification of crushing workshop (Mean±S.D.) (1984～1987)

| 组别 | 年限(人数) | 平均年龄(岁) | 平均接尘工龄(年) | 肺内钍沉积量(Bq) | |
|---|---|---|---|---|---|
| | | | | 范围 | 均值±SD |
| Ⅰ | 1984(17) | 42.4±5.42 | 21.5±4.57 | 1.49～4.43 | 2.26±0.75 |
| | 1985(22) | 45.1±4.83 | 25.3±3.31 | 1.48～3.64 | 2.10±0.60 |
| | 1986(12) | 46.6±5.03 | 25.0±4.43 | 1.52～4.80 | 2.26±0.73 |
| | 1987(6) | 47.9±5.11 | 27.3±3.41 | 1.52～3.92 | 2.06±0.64 |
| Ⅱ | 1984(20) | 43.0±3.59 | 22.6±4.17 | 0.79～1.44 | 1.06±0.22 |
| | 1985(20) | 43.1±4.18 | 22.9±5.19 | 0.76～1.45 | 1.06±0.19 |
| | 1986(11) | 43.5±4.21 | 24.0±4.51 | 0.75～1.42 | 1.09±0.19 |
| | 1987(5) | 44.3±3.89 | 25.1±4.37 | 0.82～1.45 | 1.09±0.23 |
| Ⅲ | 1984(18) | 43.1±5.16 | 24.2±4.90 | 0.12～0.73 | 0.51±0.18 |
| | 1985(23) | 43.0±4.86 | 22.3±4.61 | 0.16～0.66 | 0.49±0.15 |
| | 1986(10) | 44.9±3.63 | 25.2±5.18 | 0.34～0.69 | 0.55±0.11 |
| | 1987(4) | 44.9±4.57 | 25.2±4.89 | 0.07～0.70 | 0.50±0.22 |
| Ⅳ | 1984(18) | 25.7±1.51 | 4.4±1.02 | 0.10～1.29 | 0.56±0.42 |
| | 1985(15) | 26.4±1.82 | 5.5±0.71 | 0.20～1.10 | 0.67±0.42 |
| | 1986(18) | 27.0±1.83 | 6.4±1.03 | 0.47～1.15 | 0.92±0.31 |
| | 1987(4) | 26.0±5.10 | 5.5±3.42 | 0.46～1.87 | 0.98±0.62 |

表4-4 各组外周血象的变化($\bar{X}$±SD)(1984～1987年)

Table 4-4 The change of peripheral blood parameters of different groups (Mean±S.D.)(1984~ 1987)

| 组别 | 年限(人数) | 血红蛋白(g%) | 红细胞($\times10^4$/mm$^3$) | 白细胞(/mm$^3$) | 中性粒细胞(%) | 淋巴细胞(%) |
|---|---|---|---|---|---|---|
| Ⅰ | 1984(17) | 15.3±1.2 | 475.2±76.1 | 5664±1509 | 62.7±6.24 | 36.3±6.03 |
| | 1985(20) | 15.0±1.0 | 464.0±49.1 | 5520±1209 | 58.9±9.29 | 39.6±11.65 |
| | 1986(18) | 16.0±1.3 | 448.0±42.6 | 7344±2469 | 63.5±7.01 | 35.2±7.06 |
| | 1987(18) | 14.8±1.1 | 479.0±48.8 | 6577±1490 | 65.1±6.30 | 33.6±6.50 |

续表

| 组别 | 年限(人数) | 血红蛋白(g%) | 红细胞(×10⁴/mm³) | 白细胞(/mm³) | 中性粒细胞(%) | 淋巴细胞(%) |
|---|---|---|---|---|---|---|
| Ⅱ | 1984(22) | 15.7±2.1 | 483.0±39.5 | 5604±1297 | 61.0±6.86 | 37.9±6.88 |
| | 1985(20) | 14.8±1.3 | 470.0±43.6 | 5607±2035 | 64.6±8.05 | 34.9±7.69 |
| | 1986(23) | 16.0±1.2 | 469.0±43.9 | 6878±1828 | 64.4±8.86 | 33.8±7.89 |
| | 1987(15) | 14.2±1.2 | 439.0±61.3 | 6120±1364 | 64.5±9.42 | 33.5±9.25 |
| Ⅲ | 1984(12) | 15.7±2.4 | 453.0±57.7 | 5758±1346 | 61.8±10.56 | 37.7±10.47 |
| | 1985(11) | 15.1±1.3 | 455.3±50.9 | 5745±1387 | 59.5±8.18 | 38.5±6.64 |
| | 1986(10) | 16.4±1.3 | 477.0±31.2 | 8390±1972 | 61.6±7.44 | 37.2±7.08 |
| | 1987(18) | 14.5±1.4 | 447.0±46.9 | 6633±2068 | 63.0±7.93 | 34.0±7.47 |
| Ⅳ | 1984(6) | 16.3±1.3 | 466.0±35.0 | 6500±2529 | 57.0±16.20 | 44.0±14.93 |
| | 1985(5) | 16.8±0.5 | 434.0±25.1 | 5560±1806 | 59.0±11.94 | 39.6±10.81 |
| | 1986(4) | 16.6±1.3 | 459.5±49.8 | 8325±2059 | 56.8±11.64 | 40.8±10.24 |
| | 1987(4) | 14.7±1.9 | 506.5±110.1 | 6000±1366 | 56.3±5.74 | 42.5±5.57 |

以上各组我们均进行了 $t$ 检验，$P$ 值均大于 0.05。结果表明，各组之间上述 5 项血象指标的平均值差别不显著。这个结果表明，该矿接尘矿工长期吸入含钍矿尘，当肺内钍沉积量不超过 4.43Bq 的条件下，上述周围血象的 5 项指标未受到影响。

### 4.3.3 1994 年的研究结果

根据 1993 年的调查测定，白云鄂博铁矿破碎车间含钍稀土铁矿尘在空气中的浓度为 1.6～74.0mg/m³，平均值为 17.11mg/m³，比其他 6 个发尘车间空气中的含钍矿尘浓度高，该 6 个发尘车间的名称分别为主矿、东矿、铁运、汽运、电力及公路车间。这些车间空气中矿尘浓度的范围为 1.2～16.4mg/m³。在本年度的研究中，我们从上述 7 个发尘车间的 2390 名男性矿工中按比例随机分层抽样 136 名接尘矿工。其中 64 名来自矿尘浓度最高的破碎车间，20 名来自主矿，17 名来自西矿，10 名来自铁路运输，10 名来自汽运，7 名来自公路车间，8 名来自电力车间。

#### 4.3.3.1 观察对象的一般概况

破碎组矿工（64 人）和内对照组矿工（72 人）年龄范围分别为 30～57 岁和 34～59 岁，平均年龄分别为（49.3±4.8）岁和（48.0±5.6）岁，两组年龄范围基本相同，平均年龄的差别也无统计学意义（$P>0.05$）。

破碎组矿工和内对照组矿工接尘史范围分别为 8～36 年和 17～36 年，平均接尘史分别为（28.3±6.2）年和（27.0±5.0）年，两组间在接尘史方面的差别也无统计学意义（$P>0.05$）。

#### 4.3.3.2 矿工肺内钍活度和周围血象的相互关系

为了得出被检者肺内钍活度及其对健康影响的相互关系，将上述 136 名矿工划分成 2 个组，破碎组（64 名矿工）和内对照组（其他 6 个车间的 72 名矿工）。这是由于上述 2 个组矿工肺内钍活度平均值之间的差别十分显著。根据肺内钍活度的不同范围，将破碎组又划分为破碎 1 组，破碎 2 组和破碎 3 组等 3 个亚组。表 4－5 列出了破碎 1 组，破碎 2 组，破碎 3 组以及内对照组肺内钍的活度。

**表 4－5 三个破碎组和内对照组矿工肺内钍活度**

**Table 4－5 The thorium lung activity of 3 crushing groups and their internal control**

| 组别 | 矿工数 | 肺内钍沉积量（Bq） | |
|---|---|---|---|
| | | 范围 | $\overline{X}\pm SD$ |
| 破碎 1 | 36 | 0.132～1.45 | 0.82±0.41 |
| 破碎 2 | 10 | 1.520～2.18 | 1.74±0.23 |
| 破碎 3 | 18 | 2.380～7.26 | 3.76±1.24 |
| 内对照 | 72 | 0.112～1.45 | 0.58±0.32 |

表 4－6 列出了上述 4 组矿工周围血象的比较。

从表 4－6 的结果表明，上述周围血象的 4 项指标的平均值均在正常范围，上述任何两组之间 4 项指标的比较均无显著差别（$P>0.05$），检查结果还表明上述 4 项指标中未发现有异常者。结合表 4－5 中列出的上述 4 个组矿工肺内钍活度的范围可以看出当矿工肺内钍活度不超过 7.26Bq 的条件下，长期吸入含钍铁矿尘未见上述周围血象的 4 项指标受到不利影响。

表 4-6 上述 4 组矿工周围血象的比较

Table 4-6 A comparison of the peripheral blood parameters of the above-mentioned 4 groups

| 组别 | 矿工数 | 血红蛋白 (g/L) | 白细胞 ($\times 10^9$/L) | 中性粒细胞 | 淋巴细胞 |
|---|---|---|---|---|---|
| 破碎 1 | 36 | 139±4.8 | 6.49±1.35 | 0.68±0.08 | 0.32±0.08 |
| 破碎 2 | 10 | 137±4.6 | 6.46±7.54 | 0.69±0.05 | 0.30±0.05 |
| 破碎 3 | 18 | 135±5.3 | 7.21±1.05 | 0.68±0.06 | 0.32±0.06 |
| 内对照 | 72 | 141±6.0 | 6.87±2.20 | 0.69±0.09 | 0.31±0.07 |

2004 年陈兴安等报道了 1983～1994 年间对 638 名该矿接尘矿工进行的 1158 次血红蛋白、白细胞、中性粒细胞和淋巴细胞等 4 项指标的测定表明，未见到有任何不良影响。上述 638 名矿工肺内的钍活度没有超过 11.11Bq [9]。

## 4.4 讨 论

Abbatt J D[10,11] 等曾经发现二氧化钍造影剂引起血液病和贫血，这是由于抑制了骨髓中的造血细胞所致。

在呼吸道吸入钍化合物的情况下，动物实验表明大部分被吸入的粒子沉积在肺，并最终转移至淋巴结。在吸入停止后，钍在体内再分布，沉积在骨、肝和其他软组织[12,13]。对动物实验进行观察的最长时间为 6 年。没有观察到对周围血象的影响。

人类的实验表明，吸入惰性粒子同硅以及其他细胞毒性物质在一起时，可以看到在细胞毒性物质存在的情况下，惰性粒子通过巨噬细胞的转运穿透肺泡壁的过程得到加强。白云鄂博铁矿矿工也吸入像硅一样的细胞毒性物质，并连同钍一起吸入（该矿矿尘中钍的含量为 0.04%，二氧化硅的含量为 10%）。此外，与动物实验不同之处在于矿工吸入含钍矿尘的时间更长，对其随访的时间也比动物实验要长得多。

由于上述理由，对矿工们吸入含钍矿尘对周围血象各参数是否有影响进行研究是非常必要的。

1983 年本项目组在引进并改进了可以测出每名矿工肺内钍沉积量方法的基础上，历时 10 年终于首先发现了白云鄂博铁矿接尘矿工肺内钍沉积量同周围血象 4 项指标间的量效关系。

## 4.5 结　论

通过 1983～1994 年间对白云鄂博铁矿 638 名接尘矿工 1158 次肺内钍沉积量同血红蛋白、白细胞、中性粒细胞和淋巴细胞 4 项指标的量效关系研究表明，矿工肺内钍沉积量只要不超过 11.11Bq，上述 4 项周围血象指标就不会出现异常。这个在国内外首先发现的结果具有重要的学术意义和实际意义。

## 参考文献

1 Albert R E，Klevin P，Fresco J，et al. Industrial hygiene and medical survey of a thorium refinery. Arch Indust Health，1955，11，234－242

2 陈兴安．呼吸道吸入二氧化钍的生物效应及其肺内沾染量的估算．核防护，1978，2，65

3 Conibear S A. Long term health effects of thorium compounds on exposed workers，the complete blood count. Health Phys，1983，44（1）：231

4 陈兴安等．根据静电收集的钍射气子体确定人呼出气中钍射气活度．中华放射医学与防护杂志，1985，5（2）：183

5 Toohey R E，et al. Measurement techniques for radium and the actinides in man at the center for human radiobiology. Health Physics，1983，44（Supplement 1）：323－341

6 Stehney A F，et al. Health status and body radioactivity of thorium workers. Argonne National Laboratory Report. NUREG/CR－1420. 1980

7 陈兴安．呼出气中钍射气活度测定和评价中若干问题的探讨．中华放射医学

与防护杂志，1987，7（1）：65

8　邓芸晖等. 破碎车间钍尘作业工人肺内钍沉积量与外周血象及肝功能相互关系的观察. 中华放射医学与防护杂志，1986，6（2）：337

9　Chen Xing-an. et al. Health effects following long-term exposure to thorium dusts：a twenty-year follow-up study in China. Radioprotection，2004，39（4）：525-533

10　Abbatt J D. History of the use and toxicity of thorotrast. Environ Res，1979，18，6-12

11　Horta J，Da Silva，Da Mota L C，Tavares M H. Thorium Dioxide Effects in Man. Environ Res. 1974，8：131-159

12　Parreira F，de Moura M C. Morphological study of the bone marrow in patients injected with $ThO_2$. Environ Res，1979，18，61-64

13　Clayton G D，Clayton F D（Eds）. Patty's Industrial hygiene and toxicology. New York：Wiley. 1986

# 5　白云鄂博稀土铁矿接尘矿工肺内钍沉积量和肝功能的量效关系

## 5.1 引　言

早在1962年Boecker在动物实验中证明了吸入钍之后会有少量钍沉积在大鼠的肝内。1964年我国学者阎效珊[1]已发现，在一次气管注入细分散度（2～6$\mu$m）的$ThO_2$生理盐水悬浮液后的最初几天，少量二氧化钍即出现在肝脏，一直持续5个月。1999年Stehney[2]发表的1名钍尘作业工人的尸解材料，也证实了吸入钍（$^{232}Th$）存在于肝组织。$^{232}Th$的浓度以$mBqg^{-1}$计，肺为1.74；肺部淋巴结为5.40；骨为0.70；肝为0.17。

Ibrahim Farid等[3]认为钍或钍的子体对肝细胞（hepatocytes）有毒性作用，并认为他们在研究中所发现的钍的体负荷同肝功能试验间的相关关系可能是钍的辐射效应所致，虽然钍的化学毒性作用也不能除外。

1973年我国包钢劳卫所的科研人员就提出长期吸入钍的钍尘作业工人肝肿大和肝功能异常人数较多的问题，目前难以排除放射性钍对肝的影响。但由于该所没有提供任何工人肺内钍负荷的实测数据，难以作出正确的定量的判断。

1983年Ibrahim Farid等在国内外首先报道了钍尘作业工人钍的体负荷（thorium body burden）实测数据，有谷草转氨酶、球蛋白、白蛋白、总蛋白、碱性磷酸酶和总胆红素等6项生化指标的实测数据。结果表明球蛋白随着钍的体负荷的增加而增加，虽然不显著；碱性磷酸酶和钍的体负荷无统计学上有意义的相关；钍的体负荷对白蛋白和总蛋白没有影响；总胆红素和钍的体负荷为弱相关（$P=0.043$）；谷草转氨酶则同工人的肺体负荷显著相关。但是该厂用的是独居石作为原料，工人体内的钍负荷在195名被测对象中有3人高达74Bq甚至更高，而白云鄂博稀土铁矿638名被测接尘矿工中只有1人肺内钍负荷（thorium lung burden）达到11.11Bq[4]。因此，我们从1983[5]年起在白云鄂博稀土铁矿开展了长达10年的接尘矿工肺内钍负荷和肝功能4项指标间量效关系的研究，并取得了突破性进展。

## 5.2 方法学

### 5.2.1 呼出气中钍射气活度的测量

呼出气中放射性钍射气子体活度的测量是采用负高压条件下静电收集呼出气中钍射气子体的较长寿命的子体以确定呼出气中钍射气子体活度的装置进行的。具体测量方法见4.2.1。

### 5.2.2 内科检查和肝功能常规检查

每位被检矿工在结束呼出气中钍活度测定后1周时间内，到该矿职工医院由1名内科副主任医师进行一般内科检查，并负责肝功能检查是否需要复查和进行分析评价，包括TTT（麝香草酚浊度试验），TFT（麝香草酚絮状试验），GPT（谷丙转氨酶），碱性磷酸酶和胆红素。为了使数据可靠，肝功能常规检查均由2名有经验的检验师和检验士进行检查，对于一次检查有异常者进行复查。

## 5.3 结　果

### 5.3.1 1983年的研究结果

#### 5.3.1.1 观察对象的一般概况

这次调查对象都是从主要接尘工种中随机抽样得来的。具体分组方法同4.3.1.1。

表 5－1　破碎车间工人分组情况

Table 5－1　The group classification of the workers in crushing workshop

| 组别 | 人数 | 平均年龄（岁） | 平均工龄（年） | 肺内钍沉积量（Bq） | |
|---|---|---|---|---|---|
| | | | | 范围 | $\overline{X}$±SD |
| Ⅰ | 8 | 49.4±3.39 | 25.3±1.28 | 2.05～3.60 | 2.44±0.49 |
| Ⅱ | 12 | 46.1±4.03 | 25.3±1.48 | 0.79～1.82 | 1.16±0.25 |
| Ⅲ | 5 | 45.1±3.21 | 25.2±1.30 | 0.23～0.73 | 0.49±0.18 |
| Ⅳ | 6 | 25.7±1.51 | 4.4±1.02 | 0.10～1.29 | 0.56±0.42 |

5.3.1.2　肺内钍负荷不同的4个组同4项肝功能指标的相互关系

现将肺内天然钍负荷不同的4个组同4项肝功能指标的分组结果列在表5－2。

表 5－2　各组肝功能测定结果（$\overline{X}$±SD）

Table 5－2　The hepatic function of different groups (Mean ±S.D.)

| 组别 | TTT（U/L） | 总胆红素（mg/dl） | 碱性磷酸酶（U/L） |
|---|---|---|---|
| Ⅰ | 4.1±0.99 | 0.243±0.0874 | 5.69±2.490 |
| Ⅱ | 4.3±0.87 | 0.452±0.3134 | 5.74±2.166 |
| Ⅲ | 5.0±0.71 | 0.240±0.123 | 6.30±2.674 |
| Ⅳ | 4.3±1.03 | 0.263±0.148 | 6.97±2.080 |

从表5－2结果很难看出肺内天然钍沉积量和上述三项肝功能之间有哪些必然的联系，各组间经 $t$ 检验 $P$ 值均大于0.05，而且被检的31名工人中，上述三项指标全部正常。另外还检验了各组工人的TFT，结果均为阴性。绝大部分工人GPT（U/L）均正常，仅第Ⅰ组有一名GPT值为480，Ⅱ组有一名工人GPT值为350，对照组有一名GPT值为250，一个月后复查均正常。这个结果也很难和工人肺内沉积的天然钍联系起来。

从表5－1和表5－2的结果可以看出，该矿接尘矿工肺内钍的负荷在一个调查水平左右（2.22Bq）或不超过2个调查水平（4.44Bq）的情况下，将不会对肝功能带来影响。这个初步看法有待于进一步观察加以证实。

### 5.3.2 1984～1987年的研究结果

我们曾于1984年6月对白云鄂博铁矿破碎车间31名钍尘作业工人（其中25名平均接尘工龄在25年以上）肺内钍沉积量与肝功能的相互关系作了初步的观察和分析，结果表明，未能见到吸入钍对肝功能的任何影响[5]。但上次例数较少，且只有一次观察结果。为进一步弄清肺内钍沉积量和肝功间的相互关系，我们从1985年起不仅扩大了调查人数，对在破碎车间的其他工龄长的66名工人进行了同样的调查和观察，并对其中根据每年随机抽出的51名老工人进行了连续4年的观察，每年仍以青年工人作为对照组，现将结果简述如下。

#### 5.3.2.1 观察对象的一般概况

这51名老工人平均接尘工龄在21.53（1984年）以上，绝大部分都是从事主要接尘工种（破碎工和皮带工）随机抽样得来的，都用静电收集呼出气中钍射气子体的方法[6]确定了被检的工人肺内天然钍的沉积量，仍按沉积量的多少进行了分组。凡肺内钍沉积量达到1.48Bq以上，即接近一个调查水平2.22Bq的为第Ⅰ组，0.74Bq以上、1.48Bq以下的为第Ⅱ组，在0.74Bq以下的为第Ⅲ组，青年工人作为对照组（即第Ⅳ组），对他们都进行了一般内科检查［包括身高、体重、血压、胸腹部及槌状指（趾）检查］和肝功能的检查。肝功能仍包括GPT，TTT，TFT，总胆红素和碱性磷酸酶等5项指标。我们还应用超声技术于1984年进行了A超检查，以辅助探测肝的大小，于1987年又进行了B超检查，从不同的切面直接观察肝的形态、大小及实质有无异常改变等，目的都是为进一步弄清一定水平的肺内钍负荷对肝功能上述指标的影响及对人体的肝有无直接的损害，为今后如何改善防护措施提供一些可靠的科学依据。

#### 5.3.2.2 矿工肺内钍负荷和肝功能的相互关系

现将1984～1987年各组肝功能的测定结果以及1987年各组的B超检查的肝测量值分别列在表5-3和表5-4。

表 5－3　各组肝功能测定结果（$\bar{X}$±SD）（1984～1987 年）

Table 5－3　The hepatic function of different groups (Mean±S.D.) (1984～1987)

| 组别 | 年 | 人数 | 碱性磷酸酶（U/L） | TTT（U/L） | 胆红素 mg/dl |
|---|---|---|---|---|---|
| Ⅰ | 1984 | 17 | 5.41±1.553 | 4.0±1.12 | 0.29±0.2186 |
| | 1985 | 20 | 3.9±1.162 | 4.3±1.8 | 0.37±0.2177 |
| | 1986 | 18 | 7.4±3.032 | 4.3±0.13 | 0.3±0.0758 |
| | 1987 | 18 | 7.9±4.849 | 4.7±1.87 | 0.33±0.2029 |
| Ⅱ | 1984 | 22 | 7.15±2.694 | 3.5±1.5 | 0.293±0.2177 |
| | 1985 | 20 | 4.36±2.152 | 3.6±1.35 | 0.37±0.1498 |
| | 1986 | 23 | 6.2±2.166 | 4.3±1.06 | 0.3±0.0647 |
| | 1987 | 15 | 3.7±2.492 | 4.2±1.01 | 0.3±0.1033 |
| Ⅲ | 1984 | 12 | 5.75±1.647 | 3.75±1.6 | 0.315±0.3149 |
| | 1985 | 11 | 3.8±1.416 | 4.5±1.69 | 0.4±0.1718 |
| | 1986 | 10 | 6.54±2.183 | 5.1±2.36 | 0.33±0.0675 |
| | 1987 | 18 | 7.4±2.51 | 5.2±1.73 | 0.4±0.1415 |
| Ⅳ | 1984 | 6 | 6.97±2.08 | 4.3±1.03 | 0.263±0.148 |
| | 1985 | 5 | 3.34±0.79 | 4.3±1.2 | 0.691±0.5129 |
| | 1986 | 4 | 11.2±7.21 | 4.5±1.29 | 0.275±0.05 |
| | 1987 | 4 | 7.65±1.89 | 4.0±1.5 | 0.225±0.0957 |

由于 TFT 全部阴性，GPT 全部正常，故未列入表内。上表内肝功能三项指标各组间经 $t$ 检验，$P$ 值均大于 0.05，说明各组均数间的差别无显著意义。

表 5－4　1987 年 B 超检查各组肝脏测值（$\bar{X}$±SD）

Table 5－4　The hepatic measurement result of different groups by ultra sonic examination (Btype) in 1987 (Mean±S.D.)

| 组别 | 人数 | 肝左叶长径 mm | 肝左叶原径 mm | 右肝上下斜径 mm | 肝右叶原径（锁中线）mm |
|---|---|---|---|---|---|
| Ⅰ | 14 | 67.2±6.76 | 74.4±10.77 | 130.3±11.13 | 85.3±8.62 |
| Ⅱ | 13 | 68.5±7.6443 | 79.7±15.6758 | 125.2±10.0594 | 82.8±7.9284 |
| Ⅲ | 17 | 70.5±7.3495 | 73.4±10.0495 | 131.6±9.1579 | 87.6±9.1579 |
| Ⅳ | 4 | 67.5±4.6547 | 70±17.183 | 122.5±5.1962 | 85±6.1644 |

各组间肝大小各项的平均值之间也进行了 $t$ 检验，$P$ 值也均大于 0.05，也说明各组均数间的差别无显著意义。

根据体检及 A 超、B 超检查结果，在 51 名破碎车间工人中没有发现有 1 例肝大者，也未发现有肝实质损害的异常图像。肝功能 5 项指标检查结果均正常，因此我们更进一步肯定白云鄂博铁矿破碎车间老工人肺内钍沉积量长期处在一个调查水平（2.22Bq）或不超过二个调查水平（4.44Bq）左右的情况下，由肺通过血循环沉积在工人肝内的钍量尚未达到影响肝功能所需要的量，这个看法已经过连续 4 年的观察加以证实。

### 5.3.3 1994 年的研究结果

根据 1993 年的调查测定，白云鄂博铁矿破碎车间含钍稀土铁矿尘在空气中的浓度为 1.6～74.0mg/m$^3$，平均值为 17.11mg/m$^3$，比其他 6 个发尘车间空气中的含钍矿浓度高。该 6 个发尘车间的名称分别为：主矿，东矿，铁运，汽运，电力，公路。它们空气中矿尘浓度的范围为 1.2～16.4mg/m$^3$，平均值为 5.7mg/m$^3$。在本年度的研究中，我们从上述 7 个发尘车间的 2390 名男矿工中按比例随机分层抽样 136 名男性接尘矿工。其中 64 名来自矿尘浓度最高的破碎车间，其中 20 名来自主矿；17 名来自西矿；10 名来自铁路运输；10 名来自汽运；7 名来自公路车间；8 名来自电力车间。

#### 5.3.3.1 观察对象的一般概况

破碎组矿工（64 人）和内对照组矿工（72 人）年龄范围分别为 30～57 岁和 34～59 岁。平均年龄分别为（49.3±4.8）岁和（48.0±5.6）岁，两组年龄范围基本相同，平均年龄也无统计学意义的差别（$P>0.05$）。破碎组矿工和内对照组矿工接尘史范围分别为 8～36 年和 17～36 年，平均接尘史分别为（28.3±6.2）年和（27.0±5.0）年，两组间在接尘史方面的差别也无统计学意义（$P>0.05$）。

5.3.3.2 矿工肺内钍活度和肝功能的相互关系

为了得出被检者肺内钍活度及其对健康影响的相互关系，将上述136名矿工划分成2个组，破碎组（64名矿工）和内对照组（其他6个车间的72名矿工）。这是由于上述2个组及矿工肺内钍活度平均值之间的差别十分显著。根据肺内钍活度的不同范围，将破碎组又划分为破碎1组，破碎2组和破碎3组等3个亚组。表5-5列出了破碎1组、破碎2组、破碎3组以及内对照组肺内钍的活度。

表5-5 三个破碎组和内对照组矿工肺内钍活度

Table 5-5 The thorium lung activity of 3 crushing groups and their internal control group

| 组别 | 矿工数 | 肺内钍活度（Bq） | |
|---|---|---|---|
| | | 范围 | $\overline{X}\pm SD$ |
| 破碎1 | 36 | 0.132～1.45 | 0.82±0.41 |
| 破碎2 | 10 | 1.520～2.18 | 1.74±0.23 |
| 破碎3 | 18 | 2.380～7.26 | 3.76±1.24 |
| 内对照 | 72 | 0.112～1.45 | 0.58±0.32 |

表5-6则列出了上述4组矿工肝功能指标的比较。

表5-6 上述4组矿工肝功能指标的比较

Table 5-6 The comparison of hepatic functions between the above-mentioned four groups

| 组别 | 矿工数 | TTT（U/L） | GPT（U/L） | 碱性磷酸酶（U/L） | TFT |
|---|---|---|---|---|---|
| 破碎1 | 36 | 5.0±2.8 | 16.8±2.6 | 18±4 | （—） |
| 破碎2 | 10 | 5.0±1.6 | 19.6±4.7 | 19±7 | （—） |
| 破碎3 | 18 | 4.5±0.9 | 17.8±3.6 | 19±6 | （—） |
| 内对照 | 68 | 5.0±1.0 | 16.0±3.0 | 28±13 | （—） |

图 5-1 两位高级化验师正在化验矿工的肝功能

Fig. 5-1 The two technicians are doing chemical tests to measure the hepatic functions of the miners

表 5-6 的结果表明。上述 4 个组矿工的肝功能指标均属正常。在任何两个组之间的差别均无显著性（$P>0.05$）。而且未发现任何矿工有任何 1 项指标异常。这很可能是由于二氧化钍通过呼吸道的被吸收率仅仅是 $0.0001d^{-1}$。使得难溶的二氧化钍进入血液循环而沉积至肝的量极微。此外，在这次调查的整个队列中肺内钍活度最高者也只有 7.26Bq。

在上述工作的基础上，2004 年陈兴安[7]等报道了 1983～1994 年间对白云鄂博稀土铁矿 638 名接尘矿工进行了 1158 次肝功能 4 项指标（TTT、GPT、TFT 和碱性磷酸酶）的测定表明，未见到有任何不良影响。经测定，上述 638 名接尘矿工肺内钍负荷没有超过 11.11Bq。换言之，只要矿工肺内钍负荷不超过 11.11Bq，其肝功能就不会受到不良影响。这个发现具有重要的学术意义和实际意义，在国内外这是首先发现。

## 5.4 讨论

关于钍对人的健康效应的资料，绝大多数都来自对20世纪30～50年代使用钍造影剂（thorotrast）作为放射照相时经静脉注入的对比剂的病人所进行的长期追踪研究。根据Mori T等所进行的调查，2002年对404例注射过thorotrast病人的尸解材料发现：在其中经静脉注射过thorotrast的392例尸解得出的死亡原因如下：266例为肝癌（67.9%），28例（7.1%）为肝硬化，30例（7.7%）为血癌，16例（4.1%）为肺癌，4例（10%）为恶性内皮瘤，2例（0.5%）为骨肉瘤和1例（0.3%）为脾的血管肉瘤。肝癌与肝硬化两者相加高达85%，这同二氧化钍造影剂静脉注入$ThO_2$后主要聚积在网状内皮系统有关。Kaul和Noffz曾经报道了1名标准病人$^{232}Th$在体内的分布为：肝59%，脾29%，红骨髓9%，钙化骨2%，肺0.7%和肾0.1%。由于注入途径不同，上述资料无法直接同工作场所工人通过呼吸道吸入钍化合物生物效应的性质和程度进行直接比较。

根据钍是第3代核反应堆的核燃料，美国阿贡实验室人类放射生物中心的学者于1983年在国际上发表了第一篇关于一个前钍冶炼厂工人肝功能情况的调查，随着80年代中期该人类放射生物中心的解体，国内外有关矿工肺内钍负荷和工人肝功能相互关系的学术论文全部出自作者领导的课题组，并首先在国内文献中提出白云鄂博铁矿破碎车间接尘矿工肺内钍的负荷在一个调查水平（2.22Bq）左右或不超过2个调查水平（4.44Bq）的情况下，将不会对肝功能带来影响，而后将最终研究结果发表在英国和法国的杂志上[4][8]，以及在有关国际会议上进行了宣讲，得到了国际同行的认可，没有提出异议。这个最终结果就是工人肺内钍负荷只要不超过11.11Bq，肝功能将不会受到影响。这在国内外是由作者首先提出的。

## 5.5 结论

通过1983～1994年间对白云鄂博稀土铁矿638名接尘矿工1158次肺内钍负荷测定结果同1158次肝功能4次指标的测定结果间量效关系的分析研究表明，矿工肺内钍负荷只要不超过11.11Bq，上述4项指标不会出现异常。

## 参考文献

1 Янь Сяо-шань, Материалы по токсчкологцц радиоактчвных веществ выпуск. 1964, 4. п. 28-37

2 Stehney A F. Organ distribution of thorium in thorium workers: good agreement with new models of the international commission on radiological protection. Radiation Research, 1999, 152, 110-114

3 Ibrahim F, Shirley A C. Hepatic function in previous exposed thorium refinery workers as compared to normal controls from the health and nutrition survey. Health Physics, 1983, 44 (1): 221-230

4 Chen Xing-An, et al. Recent results from a study of thorium lung burdens and health effects among miners in China. J Radid Prot, 2005, 25, 451-460

5 邓芸晖等. 破碎车间钍尘作业工人肺内钍沉积量与外周血象及肝功能相互关系的观察. 中华放射医学与防护杂志. 1986, 6 (2): 337

6 陈兴安等. 根据静电收集的钍射气子体确定人呼出气中钍射气活度. 中华放射医学与防护杂志. 1985, 5 (2): 183

7 Chen Xing-An, et al. Health effects following long-term exposure to thorium dusts: a twenty-year follow-up study in China. Radio protection, 2004, 39 (4): 525-533

8 Kaul A, Noffz W. Tissue dose in thorotrast patients. Health Phys, 1978, 35: 113-121

# 6 白云鄂博稀土铁矿接尘矿工肺内含钍矿尘量及其对尘肺等呼吸道非随机性效应的量效关系

## 6.1 引 言

白云鄂博稀土铁矿接尘矿工长期吸入含钍矿尘，由于矿尘中含有0.04%的 $ThO_2$ 和10%的 $SiO_2$，在防护条件不够完善的条件下引起矿工患尘肺是难以避免的，国内文献早有报道。但矿工肺内含钍矿尘量及其对尘肺发生的量效关系，特别是是否存在一个可能阈值（probable threshold）在国内外文献中未见报道。本课题组从 1983 年起进行了 4 次研究，取得了十分有意义的结果，在国内外首次提出含钍矿尘引起 $0^+$ 期尘肺的可能阈值，并得到中国医学科学院医学信息研究所查新确认[1]。

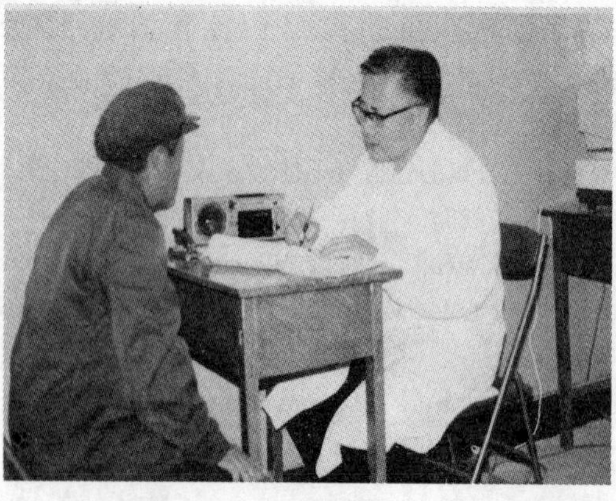

图 6－1 陈兴安在询问矿工呼吸道症状 (有录音机同步录音)

Figure 6－1 Dr. Chen Xing－an was in investigating one miner's respiratory symptoms and were being recorded simultaneously

# 6.2 方法学

## 6.2.1 呼出气中钍射气活度的测量

呼出气中放射性钍射气子体活度的测量是采用负高压条件下静电收集呼出气中钍射气子体的较长寿命的子体以确定呼出气中钍射气子体活度的装置进行的。具体测量方法同 4.2.1。

## 6.2.2 拍摄 X 线胸片和读片的特点

为了了解在活体条件下矿工肺内矿尘量引起尘肺的可能阈值[2]，在矿工完成呼出气中钍射气活度测量[3]并获得肺内钍活度和以此推算出的肺内含钍矿尘量 1 周内，拍摄胸部 X 线片，并在事先不了解工人肺内含钍矿尘量的情况下根据 X 线胸片表现进行分期，然后再将各被检者的肺内钍沉积量与 X 线胸片表现结合起来进行分析。并结合临床除外非粉尘所产生的 X 线影像，以期得到比较客观的相互关系。

读片先由本单位放射科 1 位副主任医师完成，然后再请北京 304 医院陈主任及欧阳忠南同志协助读片。

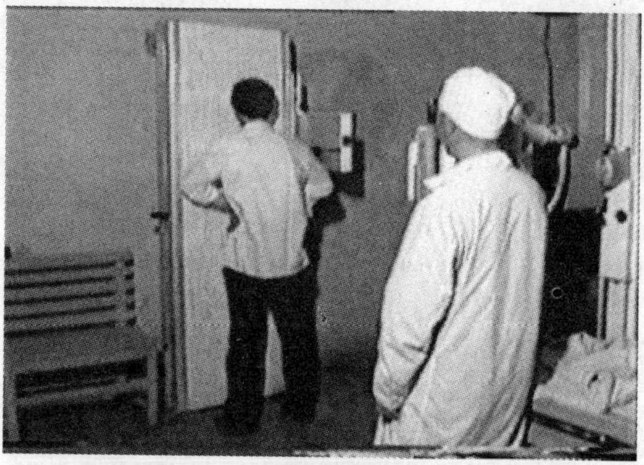

图 6-2 冯栓大住院医师在为矿工拍摄胸片

Figure 6-2 Dr Feng Shuan-da was in doing chest X-ray radiography

# 6.3 结 果

## 6.3.1 1984 年的研究结果

### 6.3.1.1 观察对象的一般概况

1983 年陈兴安[4]等对白云鄂博矿 130 名接触粉尘的矿工肺内钍沉积量的调查结果表明，白云鄂博矿破碎车间工人肺内钍沉积量明显高于其他车间的接尘工人。为此，我们于 1984 年随机抽样了破碎车间 31 名矿工（25 名为接尘工龄在 21 年以上的老矿工，6 名工龄在 5.5 年以下的青年矿工），应用静电收集钍射气子体的方法，确定其每人肺内钍负荷，然后按下列原则分组：肺内钍沉积量达到 1.85Bq 以上的即接近一个调查水平 2.22Bq 的为第Ⅰ组；高于 0.74Bq 以上，而低于 1.85Bq 的为第Ⅱ组；低于 0.74Bq 的为第Ⅲ组，作为组间比较来说，第Ⅲ组实际上也可以作为对照组，由 6 名青年矿工组成的第Ⅳ组预先确定为对照组。经统计学处理认为：Ⅰ组与Ⅱ、Ⅲ、Ⅳ组之间差别均非常显著（$P<0.001$）；Ⅱ组与Ⅳ组之间差别也非常显著（$P<0.001$）；因此上述分组是合适的。

### 6.3.1.2 破碎车间 31 名矿工肺内钍负荷同 X 线胸片的相互关系

现将破碎车间 31 名接尘矿工肺内钍负荷同 X 线胸片诊断结果的量效关系列在表 6-1。

表 6-1 矿工肺内钍沉积量和胸部 X 线表现

Table 6-1 The relationship between the thorium lung deposition and X-ray radiography readings

| 姓名 | | 年龄（岁） | 接尘工龄（年） | 工种 | 肺内钍沉积量（Bq） | 胸部 X 线表现 |
|---|---|---|---|---|---|---|
| Ⅰ组 | 庄× | 50 | 23 | 皮带、破碎 | 2.21±0.49 | 0～1 |
| | 朱× | 56 | 25 | 皮带 | 2.10±0.47 | 0～1 |
| | 刘× | 47 | 26 | 皮带 | 2.34±0.51 | 0～1 |

续表

| 组别 | 姓名 | 年龄（岁） | 接尘工龄（年） | 工种 | 肺内钍沉积量（Bq） | 胸部X线表现 |
|---|---|---|---|---|---|---|
| | 赵× | 44 | 26 | 破碎 | 2.18±0.49 | 0～1 |
| | 杨× | 47 | 26 | 皮带 | 2.28±0.51 | 0～1 |
| | 安× | 47 | 25 | 破碎、皮带 | 2.38±0.52 | 0～1 |
| | 张× | 53 | 24 | 破碎 | 2.44±0.54 | 0～1 |
| | 刘× | 51 | 27 | 皮带 | 3.63±0.55 | 1 |
| Ⅱ组 | 张× | 55 | 26 | 皮带 | 1.19±0.30 | 0 |
| | 李× | 44 | 26 | 皮带 | 1.32±0.33 | 0 |
| | 贾× | 42 | 26 | 皮带 | 1.12±0.29 | 0 |
| | 阎× | 49 | 25 | 破碎 | 0.82±0.24 | 0 |
| | 李× | 43 | 26 | 皮带 | 0.79±0.24 | 0 |
| | 陈× | 44 | 21 | 皮带 | 1.52±0.37 | 0～1 |
| | 赵× | 44 | 26 | 破碎 | 0.79±0.24 | 0 |
| | 郭× | 49 | 25 | 给矿工 | 1.16±0.30 | 0 |
| | 武× | 43 | 26 | 皮带 | 1.12±0.33 | 0 |
| | 李× | 49 | 26 | 皮带 | 1.49±0.37 | 0 |
| | 邹× | 42 | 26 | 皮带 | 1.23±0.32 | 0 |
| | 陈× | 49 | 24 | 皮带 | 1.35±0.35 | 0 |
| Ⅲ组 | 唐× | 44 | 26 | 皮带、工段长 | 0.53±0.18 | 0 |
| | 马× | 44 | 26 | 破碎 | 0.23±0.14 | 0 |
| | 陈× | 51 | 25 | 皮带 | 0.73±0.24 | 0 |
| | 刘× | 46 | 23 | 起重工 | 0.41±0.14 | 0 |
| | 赵× | 43 | 26 | 皮带、安全员 | 0.56±0.21 | 0 |
| Ⅳ组（对照） | | | | | | |
| | 赵× | 25 | 3.5 | 皮带 | 0.56±0.21 | 0 |
| | 姜× | 27 | 5.5 | 皮带 | 0.69±0.22 | 0 |
| | 王× | 27 | 3.5 | 破碎机 | 1.29±0.33 | 0 |
| | 杨× | 27 | 5 | 皮带 | 0.53±0.16 | 0 |
| | 孙× | 24 | 5.5 | 皮带 | 0.10±0.12 | 0 |
| | 王× | 24 | 3.5 | 皮带 | 0.19±0.11 | 0 |

表6－1可以看出，工人肺内天然钍沉积量和胸部X线表现之间

呈平行关系，“0～1”期基本上都集中在第Ⅰ组，唯一的一例“1”期尘肺患者又是肺内钍积量最高的，第Ⅱ组肺内仅有一例“0～1”期者，而恰又是该组肺内天然钍沉积量最高的一名工人（1.52Bq）。在对照组内肺内天然钍沉积量较高的一名青年工人肺部X线改变虽未达到“0～1”期表现，但较其他青年工人有所改变（这位青年工人有四年在白云农场扒矿石的历史）。这充分说明了这些工人肺部X线表现的肺组织纤维化改变的严重程度是和其肺内钍沉积量的多少有关。

此外，从此表还可以看出，在这次检查的31名破碎车间工人中，引起0～1期（也即$0^+$期）尘肺的肺内钍负荷为1.52Bq，由于1mg天然钍＝4.037Bq的天然钍，因此1.52Bq的钍＝0.377mg的钍。而白云矿的矿石中含钍量为0.04％，因此，此矿工肺内的含钍矿尘的量为941.29mg。也就是说，当矿工肺内含钍矿尘达到接近940mg时，就有可能引起$0^+$期尘肺，这在国内外文献中是首次报道。

### 6.3.2 1988年的研究结果

#### 6.3.2.1 观察对象的一般概况

表6－2 95名采矿工年龄和接尘工龄的分布

Table 6－2 The distribution of dust exposure age of 95 mining workers

| 年龄（岁） | 接尘工龄（年） | | | |
|---|---|---|---|---|
| | ＜10 | 10～19 | ≥20 | 总计 |
| ＜30 | 3 | 5 | — | 8 |
| 30～49 | — | 46 | 28 | 74 |
| ≥50 | — | — | 13 | 13 |
| 总计 | 3 | 51 | 41 | 95 |

从表6－2可以看出，接尘工龄超过20年的为41人，占被检工人总数的43.2％；年龄在30～49岁的总共为74人，占77.9％。

在被检的95名工人中，我们用呼吸道症状调查表（英国Medical Research Council 编制的 Questionnaire on respiratory symptoms, 1976），询问了其中94名工人的吸烟史。调查结果见表6－3。

表 6-3 94 名采矿工人的吸烟史

Table 6-3 The smoking history of 94 mining workers

| 类别 | 人数 | 占被检工人的百分数（%） |
|---|---|---|
| 非吸烟者 | 18 | 19.15 |
| 前吸烟者 | 4 | 4.25 |
| 现吸烟者 | 72 | 76.60 |
| ≤10 支/天 | 16 | — |
| 10～20 支/天 | 16 | — |
| ≥20 支/天 | 40 | — |

从中可以看出，现吸烟者为 72 人，占被检工人总数的 76.6%，高于我国工人的一般吸烟率 65.71%[5]。每日吸烟量在 10 支以上者 56 人，占吸烟总数的 77.8%。

#### 6.3.2.2 矿工肺内钍沉积量对矿工呼吸道不良影响（限非随机性效应）

（1）呼出气中钍活度的测定和肺内天然钍沉积量的推算

采用我们研制的高灵敏度呼出气中钍活度测定装置，对每位被检者在至少脱离发尘岗位 24 小时之后，测定其呼出气中的钍活度，而后根据 Stehney 等提出的换算系数，推算出每名工人肺内的天然钍沉积量。所推算出的 94 名采矿工肺内天然钍沉积量的分布情况见表 6-4。

表 6-4 94 名采矿工肺内天然钍沉积量的分布

Table 6-4 The distribution of the natural thorium lung burden of 94 mining workers

| 天然钍活度（Bq） | 人数 |
|---|---|
| ＜0.37 | 41 |
| 0.37～0.70 | 34 |
| 0.74～1.07 | 10 |
| 1.11～1.44 | 6 |
| 1.48～1.81 | 3 |

(2) 肺内钍沉积量和X线胸片所见

对表6-2中的86名采矿工(有9名因故未拍摄)拍摄了X线胸片,结果发现在肺内钍沉积量超过1.26Bq的5名采矿工中有4名被诊断为$0^+$期尘肺,其肺功能正常,低于此值者无1例。表6-5所列数据表明,出现$0^+$期尘肺的最低肺内钍沉积量为1.29Bq。这与冯国栋1986年调查[6]的该矿破碎车间工人出现尘肺$0^+$期的最低肺内天然钍沉积量1.52Bq非常接近,也和本次调查的4名$0^+$期尘肺工人肺内钍沉积量的平均值1.47Bq更为接近。通过换算,当肺内钍为1.47Bq时,肺内含钍稀土粉尘的重量为910.3mg。

**表6-5 4名$0^+$期尘肺工人肺内钍沉积量等基本参数**

**Table 6-5 The thorium lung deposition and some parameters of 4 miners suffered from $0^+$ stage pneumoconiosis**

| 姓名 | 工种 | 年龄(岁) | 工龄(年) | 吸烟史 | | 肺内钍沉积量(Bq) | 气短 |
|---|---|---|---|---|---|---|---|
| | | | | 支/天 | 烟龄(年) | | |
| 杨× | 电铲 | 50 | 30 | 6~7 | 33 | 1.31 | 重度 |
| 魏× | 气焊 | 48 | 30 | (—) | | 1.65 | 中度 |
| 刘× | 穿孔 | 43 | 14 | 15 | 26 | 1.62 | 中度 |
| 李× | 铁路工 | 51 | 29 | (—) | | 1.29 | (—) |

从表6-5的结果可以看出,由于人肺所具有的代偿能力,在上述4例$0^+$期尘肺工人中,3例出现气短的情况下,肺功能可以表现为正常。上述的结果表明,当工人肺功能正常时,X线胸片可以表现为异常。这说明对于接尘矿工肺部状况的检查应该采用多种测试手段,给予综合评价。

(3) 被检采矿工的呼吸道症状发生率(%)

正如前述,我们采用调查表,对94名采矿工人逐项进行了询问并记录,同时用录音进行复核。询问的症状主要为咳嗽、咳痰和气短3类,均划分为轻度、中度和重度。现将该组人员3类症状的发生率列于表6-6。

表 6-6 94 名采矿工的呼吸道症状

Table 6-6 The respiratory tract symptoms of 94 mining workers

| 症状 | 例数 | 发生率（%） |
|---|---|---|
| 轻度咳嗽 | 14 | 14.89 |
| 中度咳嗽 | 12 | 12.77 |
| 重度咳嗽 | 11 | 11.70 |
| 总计 | 37 | 39.36 |
| 轻度咳痰 | 15 | 15.96 |
| 中度咳痰 | 14 | 14.89 |
| 重度咳痰 | 16 | 17.02 |
| 总计 | 45 | 47.87 |
| 轻度气短 | 20 | 21.28 |
| 中度气短 | 21 | 22.34 |
| 重度气短 | 34 | 36.17 |
| 总计 | 75 | 79.79 |

从表 6-6 可以看出，症状发生率中以气短的发生率为最高，其中尤以重度气短发生率最为明显，这种状况势必对工人的劳动生产率有所影响。

（4）采矿工肺功能障碍检出率

我们采用日本产 Discom-21 型多功能电脑肺功能仪，对 92 名采矿工测量了下列指标：肺活量（VC），用力肺活量（FVC），第 1 秒时间肺活量（$FEV_1$），第 1 秒时间肺活量占用力肺活量比值（$FEV_1$/FVC%），最大呼气中段流量（MMEF），肺活量实测值占预期值的百分比（VC%），用力肺活量实测值占预期值的百分比（FVC%），1 秒率实测值占预期值的百分比（$FEV_1$%），最大呼气流速－容量曲线（V′－V），最大呼气流量（PEF），各百分肺活量位最大呼气流束（$\dot{V}_{max}$）、$\dot{V}_{75}$、$\dot{V}_{50}$、$\dot{V}_{25}$ 值、$\dot{V}_{50}/\dot{V}_{25}$ 比值，以及用身高进行标化的 $\dot{V}_{75}/H$、$\dot{V}_{50}/H$、$\dot{V}_{25}/H$。最后仪器自动打印出被检者肺功能是否有障碍及属于何种障碍类型。92 名采矿工的肺功能障碍 25 例：阻塞型 13 例；限制型 8 例；混合型 4 例。

我们将 92 名采矿工根据肺内不同的钍沉积量划分为 3 个组，分析了肺功能障碍检出率，结果各组之间未见明显差别，这可能与各组肺内钍沉积量差别不明显有关（表6-7）。但能看出此指标比X线胸片能更早发现钍矿尘对呼吸道的影响。

**表6-7 采矿工肺内钍沉积量与肺功能障碍发生率的关系**

**Table 6-7 The relationship between the thorium lung deposition and the incidence of lung function disorders of the mining workers**

| 肺内钍沉积量（Bq） | 人数 | 肺功能障碍 | |
|---|---|---|---|
| | | 例数 | % |
| <0.37 | 41 | 9 | 21.95 |
| 0.37～0.74 | 32 | 12 | 37.50 |
| >0.74 | 19 | 4 | 21.05 |

**图6-3 程永娥副主任技师在测定矿工的肺功能**

**Fig.6-3 Dr. Cheng Yong-e is using the spirometer to measure the lung functions of a miner**

（5）肺内钍沉积量和血清中的铜蓝蛋白

血清中的铜蓝蛋白水平是反映肺组织纤维化的一项比较敏感的生化指标，除了长期接触含游离二氧化矽粉尘的工人血清中铜蓝蛋白出现升高外，吸烟也可以引起它的增高[7]。我们的观察除了在证实上述两点外，还初步观察到了它对于早期发现肺组织纤维化似乎比肺功能更为敏感。上述结果见表6-8、表6-9、表6-10。

**表6-8　矿工肺内钍沉积量和血清铜蓝蛋白含量的关系**

**Table 6-8　The relationship between the thorium lung deposition and the serum ceruloplasmin concentration of the mining workers and their controls**

| 工种 | 肺内钍沉积量 (Bq) | 例数 | 铜蓝蛋白（U/ml）($\overline{X}\pm SD$) |
|---|---|---|---|
| 采矿工 | ≤0.74 | 72 | 11.74±3.9 |
| | 0.78～1.11 | 11 | 11.44±0.74 |
| | 1.15～1.67 | 8 | 10.58±1.21 |
| 对照 | 0.10～0.66 | 8 | 5.53±0.34 |

采矿工各组与对照组相比，差异有非常显著性 $P<0.01$。

**表6-9　吸烟和不吸烟接尘工血清中铜蓝蛋白水平的比较**

**Table 6-9　A comparison of the serum ceruloplasmin concentration between the smokers and non-smokers of exposed workers**

| 组　别 | 例数 | 肺内钍沉积量（Bq） | 铜蓝蛋白（U/ml） |
|---|---|---|---|
| 吸　烟 | 70 | 0.48±0.038 | 11.80±0.37 |
| 不吸烟 | 21 | 0.62±0.10 | 10.41±0.73 |

从表6-9可以看出，吸烟确实可以使血清中铜蓝蛋白水平增高，其差异有显著性，$P<0.05$。此结果还表明，接尘工人血清中铜蓝蛋白的增加，除了吸烟因素外，确实和是否吸入粉尘有关，后者起的作用可能更大（根据表6-9、表6-10、表6-11所列铜蓝蛋白水平差别的大小）。

**表6-10　不吸烟接尘工和不吸烟对照组血清中铜蓝蛋白比较**

**Table 6-10　A comparison of serum ceruloplasmin level between the nonsmokers of exposed workers and nonsmokers of controls**

| 工　种 | 例数 | 铜蓝蛋白（U/ml） |
|---|---|---|
| 接尘工 | 21 | 10.41±0.73 |
| 对　照 | 4 | 5.30±0.72 |

与对照组相比，差异有非常显著性 $P<0.01$。

表 6－11　肺功能正常的接尘工和对照组血清铜蓝蛋白值的比较

Table 6－11　A comparison of serum ceruloplasmin level between the exposed workers and the controls. The lung function test of both of them are normal

| 工　种 | 例数 | 铜蓝蛋白（U/ml） |
|---|---|---|
| 接尘工 | 65 | 11.10±0.38 |
| 对　照 | 8 | 5.38±0.32 |

与对照组相比，差异有非常显著性 $P<0.01$。

从表 6－10 的结果可以看出，血清中的铜蓝蛋白似乎能更灵敏地反映吸入含钍稀土粉尘对肺组织的早期影响。

除上述结果外，对呼吸系统的内科检查无阳性发现。

（6）对照人员的基本状况

因受客观条件限制，我们仅从该矿职工医院随机挑选了 8 名男性职工作为对照。其年龄为 25～52 岁；工龄为 3～32 年。全部对照者均未从事过任何发尘作业。8 人中有 4 人为现吸烟者，其吸烟史分别为 5 个月（5～6 支/日），4 年（10 支/日），25 年（30 支/日），11 年（15 支/日），其余均为非吸烟者。上述资料有助于正确评价表 6－10 和表 6－11 所列结果。

### 6.3.3　1994 年的研究结果

#### 6.3.3.1　观察对象的一般概况

（1）观察对象的分组情况

根据 1994 年的资料，该矿职工总数为 7558 人（男性 5476 人，女性 2082 人）。其中，2903 人（男性 2390 人，女性 513 人）为接尘矿工。

在本研究中，我们从 7 个发尘车间的 2390 名男矿工中按比例随机分层抽样 136 名男性接尘矿工。其中 64 名来自矿尘浓度最高的破碎车间，其余 72 名则来自矿尘浓度较低的其他 6 个车间：20 名来自主矿；17 名来自西矿；10 名来自铁路运输；10 名来自汽运；7 名来自公路车间；8 名来自电力车间。这 72 名矿工作为内对照。

对上述 136 名男性接尘矿工均进行了呼出气中钍活度的测量和全面体检。

(2) 破碎组矿工（64 人）同内对照组矿工（72 人）年龄的比较

破碎组矿工（64 人）和内对照组矿工（72 人）年龄范围分别为 30～57 岁和 34～59 岁。平均年龄分别为（49.3±4.8）岁和（48.0±5.6）岁，两组年龄范围基本相同，平均年龄也无统计学意义的差别（$P>0.05$）。

(3) 破碎组矿工同内对照组矿工接尘史比较

破碎组矿工和内对照组矿工接尘史范围分别为 8～36 和 17～36 年。平均接尘史分别为（28.3±6.2）年和（27.0±5.0）年，两组间在接尘史方面的差别也无统计学意义（$P>0.05$）。

(4) 破碎组和内对照组吸烟史的比较

结果表明，两组在吸烟者百分比，吸烟史和每日吸烟支数之间也均无统计学上有意义的差别（见表 6-12）。

**表 6-12 两组吸烟史的比较**

**Table 6-12 A comparison of smoking history between the two groups**

| 组别 | 矿工数 | 吸烟者数 | % | 吸烟史（年） | 吸烟支数（支/天） |
|---|---|---|---|---|---|
| 破 碎 | 64 | 50 | 78.13 | 26.7±6.9 | 17.8±7.4 |
| 内对照 | 72 | 55 | 76.40 | 25.8±5.3 | 19.3±7.9 |
| $t$ | | | ($\chi^2=0.058$) | 0.858 | 1.13 |
| $P$ | | | >0.05 | >0.05 | >0.05 |

上述 3 项结果表明，这次研究的主要混淆因素对研究结果的影响可以忽略不计。

(5) 破碎车间空气中含钍矿尘的浓度同其他 6 个车间（内对照组）空气中含钍矿尘浓度的比较。

破碎车间内，1993 年空气中矿尘浓度范围为 1.6～74.0mg/m$^3$，平均值为 17.11mg/m$^3$。在其他 6 个发尘车间，空气中矿尘浓度的范围为 1.2～16.4mg/m$^3$，平均值为 5.7mg/m$^3$。

(6) 破碎车间和内对照组肺内钍活度的比较

结果表明，两组间肺内钍活度的平均值差别显著（见表 6-13)。

**表 6-13 两组肺内钍活度平均值比较**

Table 6-13 A comparison of the average thorium lung activity between the two groups

| 组 别 | 矿工数 | 肺内钍活度均值（Bq） | $t$ | $P$ |
|---|---|---|---|---|
| 破 碎 | 64 | 1.71±1.47 | 2.364 | <0.01 |
| 内对照 | 72 | 0.58±0.32 | | |

(7) 破碎组和其他 6 个组（内对照组）肺内钍活度的比较

比较结果表明，破碎组矿工肺内钍活度的平均值和任何一个内对照组的肺内钍活度的平均值之间的差别均显著（见表 6-14)。

**表 6-14 破碎组和其他 6 个组矿工肺内钍活度的比较**

Table 6-14 A comparison of the thorium lung activity between the crushing group and other six groups

| 车间名称 | 矿工数 | 肺内钍活度（Bq） | | $P^*$ |
|---|---|---|---|---|
| | | 范围 | $\overline{X}$±SD | |
| 破 碎 | 64 | 0.132～7.26 | 1.79±1.47 | |
| 主 矿 | 20 | 0.112～1.25 | 0.64±0.36 | <0.002 |
| 东 矿 | 17 | 0.198～1.32 | 0.59±0.28 | <0.005 |
| 铁 运 | 10 | 0.198～0.66 | 0.39±0.18 | <0.01 |
| 汽 运 | 10 | 0.132～0.92 | 0.45±0.27 | <0.01 |
| 电 力 | 8 | 0.264～1.45 | 0.68±0.35 | <0.05 |
| 公 路 | 7 | 0.198～1.39 | 0.62±0.24 | <0.05 |

* 内对照组的 6 个组各自的矿工肺内钍活度的平均值和破碎组矿工肺内钍的平均值的比较。

### 6.3.3.2 矿工肺内钍沉积量与矿工呼吸道非随机性效应的相互关系

(1) 破碎组同其内对照组的 X 线胸片诊断结果-尘肺检出率的比较。

结果表明：$0^+$ 期尘肺检出率在破碎组矿工（64 人）中为

18.75%（12例），在内对照组（72人）则为1.4%（1例）。其差别有显著性意义（$\chi^2=11.81$，$P<0.01$）。

（2）含钍稀土铁矿尘引起破碎组矿工发生$0^+$期尘肺的可能阈值。

破碎组12名诊断为$0^+$期尘肺的矿工肺内钍活度范围为1.22Bq～3.71Bq。通过简单计算，1.22Bq的钍相当于755.5mg的含钍稀土铁矿尘（因为钍在矿尘中的含量为0.04%）。这个值和陈兴安等[8]1993年报道的引起$0^+$期尘肺的含钍稀土矿尘的可能阈值803～940mg很接近。

（3）破碎组同其内对照组之间肺功能障碍发生率的比较。

采用日本生产的Discom－21型肺功能仪，对上述两个组的136名矿工均进行了肺功能的测定。结果在两个组各检出1例限制型肺功能障碍，其发生率分别为1.56%和1.38%。经统计学处理两组间的差别不显著。

（4）破碎组同其内对照组之间呼吸道症状的比较

调查结果表明，两组间的严重气短发生率差别极其显著（32.8%对13.9%，$\chi^2=6.895$，$P<0.01$）。两组间在其他呼吸道症状方面不存在统计学上有意义的差别（见表6－15）。

**表6－15　破碎组和内对照组呼吸道症状发生率（%）比较**

**Table 6－15　A comparison of the incidence (%) of respiratory tract symptoms between the crushing group and the internal controls**

| 症　状 | 破碎组（$n=64$） | | 内对照组（$n=72$） | |
|---|---|---|---|---|
| | 发生例数 | % | 发生例数 | % |
| 慢性咳嗽 | 27 | 42.2 | 28 | 38.9 |
| 慢性吐痰 | 29 | 45.3 | 28 | 38.9 |
| 气短 | | | | |
| 轻度 | 15 | 23.4 | 26 | 36.1 |
| 中度 | 16 | 25.0 | 13 | 18.1 |
| 重度 | 21 | 32.8 | 10 | 13.9 |

上述研究结果中，最有价值的发现是肺内含钍稀土铁矿尘量达到

755mg 时就有可能诱发矿工 $0^+$ 期尘肺。

### 6.3.4 1987 年的研究结果

1987 年的现场调查研究没有作为单篇学术论文在学术刊物上发表。只有 1991 年 5 月 27 日～31 日陈兴安在北京举行的第 2 届稀土发展和应用国际会议[9]上提到了下列内容。在 94 名被检的破碎车间的矿工中 $0^+$ 期尘肺的发生率为 28.7％（1987），而同一矿的 86 名采矿工人尘肺的发生率为 4.7％（1988）。诱发上述尘肺的钍的最低肺负荷分别为 1.30Bq 和 1.26Bq。经换算，相应的含钍稀土铁矿尘量为 803mg 和 780mg。在 1987 年调查的该矿 98 名破碎车间工人中肺功能障碍的发生率为 13.27％，其中阻塞型的为 8 例，限制型的为 3 例，以及混合型的为 2 例。

## 6.4 讨　论

矿工长期吸入含钍稀土铁矿尘可以引起尘肺早有报道[1]。但在活体条件下，矿工肺内含钍稀土铁矿尘达到什么水平可以引起 $0^+$ 期尘肺是本课题组成员冯国栋等首先报道的[6]。此后，陈兴安于 1997 年 9 月 15～18 日在法国 Avignon 举行的有关放射性核素摄入的国际学术研讨会上，介绍了我们 4 次研究所得到的含钍矿尘诱发 $0^+$ 期尘肺可能阈值的结果（见表 6－15），得到各国与会专家的认可，会后正式发表[2]。2003 年 11 月 19 日中国医学科学院医学信息研究所，通过对 30 余年中，大约 2360 万篇的文献检出相关文献 4 篇。经国内外逐项和综合对比分析，提出如下查新结论："有关活体条件下发现肺内钍尘沉积量达到 755mg 以上可以发生 $0^+$ 期尘肺的研究，国内外未见相关文献报道。"

本课题的研究还表明血清中的铜蓝蛋白是早期反映肺组织纤维化过程的最敏感指标之一。

表 6－16 诱发 $0^{+}$ 期尘肺的矿尘沉积量的可能阈值

Table 6－16 The probable threshold of ore dust lung deposition in inducing $0^{+}$ stage pneumoconiosis

| 车间 | 矿工 | 病例 | 钍（Bq） | 可能阈值 | |
|---|---|---|---|---|---|
| | | | | 矿尘（mg） | 年 |
| 破碎 | 31 | 8 | 1.52 | 940* | 1984 |
| 破碎 | 94 | 26 | 1.30 | 803 | 1987 |
| 采矿 | 86 | 4 | 1.26 | 780 | 1988 |
| 破碎 | 64 | 12 | 1.22 | 755 | 1994 |

* 此值来自：1mg 天然钍＝4.037Bq 钍；1.52Bq 钍＝0.377mg。钍 0.377mg ×2500（钍在矿尘中的百分比为 0.04%）＝941.29mg，矿尘（～940mg）。

## 6.5 结 论

1984、1987、1988、1994 年进行的 4 批研究表明，白云鄂博矿矿工吸入含钍稀土矿尘诱发 $0^{+}$ 期尘肺的可能阈值为 755mg。这是一项在国内外首先发现的创新性成果。

## 参考文献

1 中华人民共和国科学技术部．科技部医药卫生科技项目查新咨询报告书（编号）2003154．2003，5

2 Chen Xing-an，Cheng Yong-e. Long-term monitoring of thorium inhaled by workers and assessment of thorium lung burden in China. Radiation Protection Dosimetry，1998，79（1－4）：92

3 陈兴安等．根据静电收集的钍射气子体确定人呼出气中的钍射气活度．中华放射医学与防护杂志，1985，5（2）：183

4 陈兴安等．白云鄂博铁矿矿工肺内天然钍沉积量及其对健康影响的研究．中华放射医学与防护杂志，1986，6（4）：218

5 全国吸烟情况调查组．全国吸烟情况抽样调查结果．中华医学杂志，1987，67（4）：229

6 冯国栋等．铁矿破碎车间工人肺内天然钍沉积量和 X 线胸片所见．中华放射

医学与防护杂志，1986，6（3），176-177
7 杨金珠等. 血清铜蓝蛋白的微量测定方法的探讨. 冶金劳动卫生，1981，7（2）：30
8 Chen Xing-an, et al. A follow-up study（1982～1991）on the relationship between thorium lung burden and health effects in miners at the Bayun Obo Rare Earth and Iron Mine. Radiation Protection in Australia. 1993，11（4）：157-161
9 Chen Xing-an, et al. A follow-up study（1980～1990）relationship between thorium lung burden and health effects on miners at the Bayun Obo Mine, China. Proceedings of the second International Conference on Rare Earth Development and Application. 1991，1，509-512

# 7 白云鄂博稀土铁矿矿工肺癌死亡率的流行病学调查

## 7.1 引 言

早在1964年，中国学者阎效珊已发现，给大鼠气管注入 $ThO_2$，当其注入的剂量为 $2mg \cdot kg^{-1}$、染毒后19个月，发现有股部海绵状血管瘤，以及有广泛转移的肺小细胞癌；当注入 $ThO_2$ 的剂量为 $20mg \cdot kg^{-1}$、在染毒后21个月，20只大鼠中就有1只出现肺的扁平细胞癌。但对于人吸入钍之后是否会诱发肺癌2001年IARC出版的《人类致癌危险评估》明确指出[1]：“没有足够的证据证明人类吸入 $^{232}Th$之后有致癌性”。

白云鄂博稀土铁矿矿工长期吸入含钍稀土铁矿尘是否会诱发超额肺癌的发生，是该矿领导和广大矿工迫切希望回答的问题。本课题组从1985年起先后3次进行了针对该矿接尘矿工的肺癌死亡率的回顾性流行病学调查，并于2001年取得了突破性进展。所用方法基本和包钢劳卫所李琳[2]等描述的国内通用的方法雷同，本章不再重复叙述。

## 7.2 接尘矿工肺癌死亡率回顾性调查研究结果

### 7.2.1 1992年的研究结果

从1985年起，我们用回顾性调查方法对该矿1977～1990年14年间接尘矿工和非接尘矿工中肺癌死亡病例进行了调查。凡从事钍尘作业一年以上者均列为接尘组；其他职工则列为非接尘的内对照组；两组都包括退休人员。自1977年1月1日至1990年12月31日接尘组累计观察了 32114 人年，内对照组累计观察了 20390 人年。14 年间接尘组肺癌死亡 9 例，内对照组肺癌死亡 4 例。上述 13 例肺癌死亡病例均系男性吸烟者。根据全国各年龄组男性肺癌死亡率的标化死亡比（SMR）接尘组为 4.18，高于内对照组 1.89。但由于两者的 95％可信限的重叠部分达 39％，超过 15％，说明上述两组间肺癌死亡数在统计学上差异无显著性；$\chi^2$ 检验也证明两个 SMR 之间差异无显著性。根据雷春文、王济中 1980 年的报道，该矿接尘矿工在 1958～1975 年期间未发现过肺癌。程永娥、郝京芳、贺秋晨等的调查则表明 1977 年以前该矿也未发现过肺癌。因此，表 7－1 的结果实际上说明了该矿自 1958 年建矿以来，在接尘矿工中未见到由于吸入钍尘和钍射气子体诱发超额肺癌的发生。

**表 7－1 肺癌的标化死亡比（1977～1990 年）**

**Table 7－1 The standardized mortality ratios of lung cancers (1977～1990)**

| 组　别 | 预期值（例） | 观察值（例） | SMR | 95％可信限 |
|---|---|---|---|---|
| 观察组 | 2.15 | 9 | 4.18 | 1.920～7.93 |
| 内对照组 | 2.12 | 4 | 1.89 | 0.514～4.83 |

## 7.2.2 1994 年的研究结果

1994 年我们又对白云鄂博稀土铁矿接尘矿工与非接尘矿工的肺癌死亡率进行流行病学调查。其主要结果列在表 7－2。

**表 7－2 肺癌的标化死亡比（1977～1993 年）**

**Table 7－2 The standardized mortality ratios of lung cancers (1977～1993)**

| 组　别 | 预期值（例） | 观察值（例） | SMR | 95％可信限 |
|---|---|---|---|---|
| 接尘矿工 | 3.3 | 17 | 5.15 | 3.36～7.89 |
| 非接尘矿工 | 3.5 | 8 | 2.30 | 1.17～4.51 |

接尘矿工的总人年数为 42090，非接尘矿工的总人年数为 26953。上表中的预期值数目是根据《中国恶性肿瘤调查研究》[3]一书查得的。由于非接尘矿工（包括职员）的年龄分布不同于接尘矿工，在非接尘矿工中年老者的比例要比接尘矿工中年老者的比例高得多，因而即使

非接尘矿工的人年数低于接尘矿工的人年数，其肺癌死亡数的预期值略高于接尘矿工的相应预期值。

表 7－2 显示接尘矿工与非接尘矿工的 SMR（标化死亡比）都显著大于 1。接尘矿工的 SMR 大于非接尘矿工的 SMR，其差别勉强显著（marginally significant）（$P=0.04$）[4]。

目前，尚未见到有关吸入钍引起的严重健康效应的报道，这同注射了钍造影剂（含$^{232}$Th）的情况截然不同。目前人类尚无足够的证据证明吸入$^{232}$Th 对人有致癌性[1]，但应考虑钍和钍射气子体可能有潜在的和氡子体及钚相似的在人类身上的效应。根据我们的研究，此矿含钍矿尘的接尘矿工的 SMR 高于非接尘矿工（5.15 对 2.30）。然而，该矿接尘矿工的平均钍沉积量只有 1.6Bq[5]。

我们根据 ICRP 66 号出版物（肺模型）的 LUDEP 软件[6]，在假定钍尘的 AMAD 值为 5$\mu$m，溶解度属于 S 级（慢），在长期（数十年）吸入$^{232}$Th 的条件下，每年摄入 1Bq 的$^{232}$Th，其造成的肺内钍负荷为 0.16Bq。根据陈兴安等 1998 年的报道[7]，该矿 638 接尘矿工肺内钍负荷的估算的平均值为 1.6Bq，这反映了该矿每位接尘矿工平均恒定慢性摄入钍为每年 10Bq。如果我们假定吸入矿尘中含有处于平衡的$^{232}$Th，$^{228}$Ra，$^{228}$Ac，$^{228}$Th 和$^{224}$Ra，那么每年摄入 10Bq，导致肺受到的待积当量剂量为 $3.1\times10^{-3}$Sv[8]，该矿接受矿工平均受照时间为 28 年[10]，其每位矿工肺的平均的累积待积当量剂量（average individual cumulative committed equivalent dose to lung）为 $8.7\times10^{-2}$Sv。

假如我们采用广岛和长崎的寿命研究得出的发生肺癌的危险系数为每 Sv 的条件下，$10^4$ 的人年可以产生 4.0 例（95%的可信限为：$-1.5$，9）[9]，那么对于接尘矿工的人年数 42090，结合每位矿工肺所接受到的平均个体累积待积当量剂量为 $8.7\times10^{-2}$Sv，其导致产生超额肺癌的预期值为 1.5 例。这个 1.5 例远低于表 7－2 中所列出的接尘矿工的肺癌死亡例数 13.7（17－3.3）例。然而，本研究中的破碎车间接尘矿工吸烟者高达 78%[10]，吸烟对肺癌死亡率的影响必须加以考虑。

剂量也可以用工作水平月（WLM）表示。根据 ICRP（国际放射防护委员会）32 号出版物[11]，WLM 和 Sv 之间的关系是 0.064～0.17 Sv/WLM。对于粉尘浓度高的矿区，应当采用上述剂量因子范围内的较低值。所以我们假定 1WLM 是相当于 64mSv，所以对于肺的平均的个人累积约定当量剂量为 87mSv，相当于 1.36WLM。因此，我们认为对于钍的平均个人累积受照相当于 1.36WLM。

根据许金奎的报道[12]，在该矿受到钍射气子体的平均年照射为 1.84WLM。应用 ICRP 47 号出版物[13]的转换因子（conversion factor），对于人年数为 42090 的情况下预计的超额肺癌死亡数量 1.10 例，也远低于上述 13.7 例，此值列在表 7-2 中（17－3.3＝13.7）。所以，我们难以得出下列结论，认为接尘矿工的肺癌死亡率仅仅是由吸入钍和钍射气子体引起的。

1996 年，国际癌症研究机构（IARC）[14]报告了目前已有足够的证据证明人类在职业性条件下吸入以石英形式存在的结晶硅（crystalline silica）具有致癌性。前面已经指出，矿尘中 $SiO_2$ 的含量比 $ThO_2$ 高得多（10％对 0.04％重量百分比）。因此，有足够理由认为在 1977～1993 年期间，该矿接尘矿工中 $SiO_2$ 是诱发超额肺癌的重要因素。

作为一个估计，在接尘矿工中的 17 例肺癌死亡病例，大约 2 例可以断定是由钍和钍射气（$^{220}Rn$）子体的辐射照射引起的。8 例是由于吸烟引起（类似于非接尘矿工中的 8 例），余下的 7 例可能是由于吸入 $SiO_2$ 引起的。

矿工中吸烟者的百分数达到了 78％，明显高于我国总人口中男性吸烟者（66.9％）。此外，该矿气候比较恶劣，营养条件很差，从而使矿工生活质量也较差。我们认为上述各个因素，特别是吸烟，是导致该矿接尘矿工与非接尘矿工肺癌死亡率升高的原因。

1979 年，Panomareva[15]发现矿尘，$ThO_2$ 和慢性 $\gamma$ 照射之间有协同作用。因此，对于采矿车间的受照矿工的超额肺癌死亡病例，慢性 $\gamma$ 照射的作用不能除外。

吸烟者的百分数，吸烟史和每天的吸烟数在破碎车间的矿工中同内照组的情况无显著差别[10]，这就排除了在接尘矿工中所观察到的超额肺癌死亡率中吸烟的混淆作用。

总之，在接尘矿工中肺癌死亡率的较高 SMR 看来是长期吸入矿尘（含有致癌源 $ThO_2$ 和 $SiO_2$）以及钍射气子体所致。慢性照射对接尘矿工的加强作用不能除外。

### 7.2.3 2001 年的研究结果

2001 年我们对白云鄂博稀土铁矿的接尘矿工和非接尘矿工（对照）的肺癌死亡率又进行了一次流行病学的调查，其主要结果见表7-3。

表 7-3 肺癌的标化死亡比（1977～2001 年）

Table 7-3 The standardized mortality ratios of lung cancers (1977～2001)

| 组　别 | 预期值（例） | 观察值（例） | SMR | 95%可信限 |
|---|---|---|---|---|
| 接尘矿工 | 4.406 | 27 | 6.13 | 4.41～8.52 |
| 内对照 | 4.201 | 8 | 1.90 | 0.94～3.84 |

从表 7-3 可以看出，接尘矿工和非接尘矿工的 SMR 都大于 1。接尘矿工的 SMR 比对照的 SMR 高得多。对于总的肺癌死亡例数为 35 的情况下。所给出的预期数，在接尘矿工中发生肺癌例数达到 27 或更多的几率为 0.0015[4]。在接尘矿工中肺癌的高 SMR 很可能是吸入含钍矿尘（致癌源为 $ThO_2$ 和 $SiO_2$）及其短寿命钍射气子体所造成。对接尘矿工和接尘矿工总的观察人年数分别为 62712 和 34672。

1994 年以后，也即该矿开始运行后的 36 年，该矿接尘组矿工又增加了 10 例肺癌。在已经给出的两组预期值的条件下，在此期间在接尘矿工组中出现 10 例肺癌的几率为 0.0066。

表 7-4 肺癌的标化死亡比（1977～1993 年）

Table 7-4 The standardized mortality ratio of lung cancers (1977～1993)

| 组　别 | 预期值（例） | 观察值（例） | SMR | 95%可信限 |
|---|---|---|---|---|
| 接尘矿工 | 3.301 | 17 | 5.15 | 3.36～7.89 |
| 内对照 | 3.480 | 8 | 2.30 | 1.17～4.51 |

表 7-4 的结果表明，即使在 1994 年之前，接尘矿工与非接尘矿工的 SMR 都大于 1。接尘矿工的 SMR 要比对照高得多。在 2 组已给定的预期值的情况下，在接尘矿工中出现 17 例或更多肺癌，和总共出现 25 例肺癌的几率是勉强显著（marginally significant）($P=0.04$)[4]。

我们应用 ICRP 66 号出版物（肺模型）的 LUDEP 软件，对于该矿工的平均显露时间为 32 年[12]，计算出每名接尘矿工平均累积待积当量剂量为 $9.9\times10^{-2}$ Sv。

假如我们采用广岛和长崎的寿命研究得出的发生肺癌的危险系数为每 Sv 的条件下，$10^4$的人年可以产生 4.0 例，那么对于接尘矿工的人年数 62712，结合每位矿工肺所接受到的平均个体累积待积当量剂量为 $9.9\times10^{-2}$ Sv，其导致产生超额肺癌的预期值为 2.48 例(～3.0 例)。

根据许金奎[12]的研究，钍射气子体的平均年照射为 1.84WLM。采用 ICRP 47 号[13]出版物，对于 62712 人年预计的肺癌死亡数为 1.64 例（～2.0 例）。

此外，我们可以认为在对照组内的肺癌死亡数仅是由于吸烟诱发的，因为对照组的矿工不接尘。所以，我们可以认为在接尘组的 27 例肺癌死亡病例至少有 8 例是由于吸烟造成的。然而，接尘矿工的人年数是非接尘矿工人年数的 1.8 倍。这就可以认为在接尘矿工中的肺癌死亡数由吸烟引起的是 14.4 例（～14 例）。

1996 年出版的 IARC 专著第 68 卷[14]报道了目前已有足够证据认为吸入石英（结晶硅）有致癌性。由于该矿矿尘中的 $SiO_2$ 含量明显高于 $ThO_2$（10%对 0.04%）。由此，有足够理由认为 $SiO_2$ 是该矿接尘矿工中诱发超额肺癌死亡数的最重要因素之一。

根据上述估算，在接尘矿工中由于肺癌死亡的 27 例中 3 例是由于吸入钍诱发的；2 例是由于吸入钍射气短寿命子体诱发的；14 例是由于吸烟诱发的；余下 8 例就可能是由于吸入 $SiO_2$ 诱发的。在该矿可能存在的 $ThO_2$ 和 $SiO_2$ 之间的联合作用是可以忽略的[16]。这个结果充分说明该矿的防护工作重点是防尘和动员矿工戒烟。

## 7.3 讨论

2001年白云鄂博稀土铁矿矿工肺癌死亡率流行病学调查的最重要发现是：对白云鄂博铁矿3016名接尘矿工进行肺癌死亡率的回顾性调查（人年数为62712，对照组为34672），与对照组相比，同期（1994年1月至2001年3月）接尘组增加了10例肺癌死亡病例，而对照组为1例，两组SMR差别十分显著（$P<0.005$）。

现将上述10例肺癌死亡病例的概况介绍如下：

诊断依据：2例病理诊断为鳞癌；6例为临床检查结合X线胸片诊断；余2例资料不全。

工种分布：东矿3例，运输2例，破碎1例，工电2例，动力2例。

死亡时年龄（岁）：55、56（2名）、59、63、64、65、66、68、82。

接尘工龄（年）：26、27（2名）、28、33（2名）、34（2名）、38、41。

诱发期（接尘至明确诊断时的间隔，年）：35～42，平均为38.5。

吸烟史（仅有8人资料，且不完整）：40年（2名），32年（1人），30年（2名）。10支/天2人，20支/天4人，30支/天2人。

从上述资料中可以看出，这类肺癌诱发期很长，易被忽略而不重视防护。

## 7.4 结论

2003年11月19日由中国医学科学院医学信息研究所出具的科技部医药卫生科技项目查新咨询报告书[17]（编号2003154）的查新咨询结论认为：自1966～2003年间检索了大约2360万篇文献，经国内外逐项和综合对比分析，提出如下查新结果。证明长期吸入矿尘（致

癌源为 $ThO_2$ 和 $SiO_2$），经 38.5 年可以诱发矿工超额肺癌的发生，以及长期吸入天然钍或钍射气（thoron）短寿命子体可以诱发肺癌的发生。在上述检索范围内，未见与该研究项目相同的国内外文献报道。

作者认为上述查新结论也就是本章的结论。

## 参考文献


1 IARC. Monographs on the evaluation of carcinogenic risks to humans. France: IARC Press. 2001，78，478

2 李琳等. 白云矿含钍粉尘作业工人十年死因分析. 中华放射医学及防护杂志，1986，6（6）：399－401

3 卫生部肿瘤防治研究办公室．中国恶性肿瘤死亡调查研究．第一版．北京：人民卫生出版社．1980，2

4 Ginevan M E. A poisson trials approach to interpopulation comparisons of cause of death data. Environ Res，1981，25，147－159

5 Chen Xing-A，Cheng Y-E. Long-term monitoring of thorium inhaled by workers and assessment of thorium lung burden in China. Radiation Protection Dosimetry，1998，79，(1－4)：91－93

6 Jarvis N S，Birchall A，James A C，Bailey M R，Borrian M D. LUDEP2.0 personal computer program for calculating internal doses using the ICRP publication 66 respiratory tract model NRPB－SR287. Chilton：NRPB. 1996

7 Chen X－A，Cheng Y－E，Rong Z，Yan X－S. Results of the follow－up study of the thorium lung burden and its health effects of thorium miners Chin. Radiat Res，1999，152，163－164

8 ICRP. The ICRP database of ddose coefficients：Workers and members of the public，version 1.0（CD. ROM）. Oxford：Pergamum Press. 1999

9 UNSCEAR. Sources and Effects of Ionizing Radiation. UNSCEAR 2000 Report to the General Assembly，with Scientific Annexes. New York：United Nations Publication，2000，397

10 Chen X－A，et. al. Recent results from a study of thorium lung burdens and health effects among miners in China. J Radiol Prot，2005，25，451－460

11 ICRP. Limits of inhalation of radon daughters by workers. ICRP Publication

32. Ann. ICRP，1981，6 (1)：8

12 Xu J K，et al. An assessment of the air concentrations of radon and thoron progeny in the crushing workshop of Bayun Obo Rare - earth Iron Mine Chin. J Radiol Med Prot，1994，14，185 - 188

13 ICRP. Radiation protection of workers in mines. ICRP Publication 47. Ann. ICRP，1986，16 (1)：8

14 IARC. IARC Monographs on the evaluations of the carcinogenic risk of chemicals of humans silica and silica compounds. Boca Raton，FL：CRC Press. 1996，68，120

15 Panomareva B L. Long-term effect on rats of the dust-radiation factor combined with chronic γ-irradiation Industrial. Hygiene and Professional Disease，1979，12，34 - 38

16 Spiethoff A，et al. Interaction of thorotrast and quartz in the induction of lung tumors in rats. In：Health effects of internally deposited radionuclides：Emphasis on radium and thorium. 1994，4，18—21

17 中华人民共和国科学技术部．科技部医药卫生科技项目查新咨询报告书（编号 2003154）．2003，5

# 8 呼吸道吸入天然钍（$ThO_2$）和稀土矿尘联合作用的研究

## 8.1 引 言

放射性因素和化学因素的联合作用是放射生物学的一个重要分支。在某些生产现场这两种因素常同时存在。例如：从事稀土开采、冶炼的工作人员其吸入的粉尘是一种含有天然钍的混合粉尘，对于吸入这种粉尘的导出空气浓度应当如何确定，才能防止工作人员的健康受到危害，就必须研究这类粉尘中放射性钍和其他非放射性化学因素之间可能存在的联合生物效应。

国外文献中仅见到前苏联 Понимарева В. Л[1] 于 1979 年发表的钇氟碳钙铈矿精矿粉和 $ThO_2$ 以及 γ 外照射联合作用的动物实验研究，但该矿粉的成分不同于我国主要稀土矿山现场空气中粉尘的成分。此外，仅有动物实验结果，没有相应的现场人群调查资料，难以作出更为全面的评价。因此，我们结合长期在白云鄂博矿进行放射卫生调查的实际经验，参考前苏联学者的经验，从细胞水平、整体水平和流行病学人群调查等方面，开展了 $ThO_2$ 和稀土矿尘联合作用的研究，历时 3 年，取得了有一定意义的结果。

## 8.2 实验途径和主要内容

研究工作通过体内实验、体外实验和流行病学调查 3 个方面进行。

### 8.2.1 体内实验

含钍稀土矿尘在大鼠肺中的沉积和廓清；$ThO_2$ 诱发肺癌的累积剂量及肺癌的病理组织类型；大鼠血清中铜蓝蛋白含量的测定；大鼠

肺组织中羟脯氨酸含量的测定。

### 8.2.2　体外实验

$ThO_2$和稀土铁矿尘对引起金黄地鼠胚胎细胞恶性转化以及将恶性转化细胞接种到金黄地鼠颊囊粘膜下后的联合作用。

### 8.2.3　流行病学调查和医学体检

调查白云鄂博稀土矿接尘矿工及其对照人群的肺癌死亡率；部分接尘矿工和对照组肺功能障碍检出率的比较；矿工肺内钍沉积量和X线胸片检查结果的相互关系；矿工肺内钍沉积量与矿工血清中铜蓝蛋白和羟脯氨酸含量的相互关系。

## 8.3　研究结果

### 8.3.1　体内实验

#### 8.3.1.1　含钍稀土铁矿尘在大鼠肺组织内的沉积和廓清[2]

从白云鄂博矿收集到的矿尘样品，其粒度95%以上均在5μm以下，成分如下：$ThO_2$，0.04%；$Fe_2O_3$，37.08%；FeO，8.88%；$SiO_2$，10.60%；CaO，10.40%；MgO、$Al_2O_3$和其他12种化合物为22.42%；其余36种元素，如La、Ce等为10.60%。为了观察此种矿尘在大鼠肺内的沉积和廓清规律，我们于同一天对48只Wistar大鼠，经气管直接注入50mg矿尘（混悬在1ml的生理盐水内）分别在注射后的0、1、3、6、15、30、60、90、180、215、290和360天，随机每次活杀4只大鼠，取全肺，通过放射化学方法分离后，用721型分光光度计测肺组织中钍含量（偶氮砷Ⅲ比色）。根据12批大鼠活杀后测得的结果，得到大鼠肺内钍的滞留量［$R(t)$］随时间（$t$）的变化符合二项指数函数：

$$R(t) = 0.75 \times 2^{-t/22.7} + 0.25 \times 2^{-t/354}$$

式中，$t$为注射后至活杀的天数。

从上式可以看出，矿尘在肺中的廓清75%是按半减期22.7天廓清，25%则按354天的半减期廓清。前苏联ПонймареваВ. Л用钇氟碳钙铈精矿粉尘向大鼠气管内一次注入后得出了3个半减期，63%的粉尘半减期为4.5天，11%的粉尘半减期为36天，26%的粉尘半减期为173天。

#### 8.3.1.2 气管注入 $ThO_2$ 和含钍稀土矿尘诱发肺癌的累积剂量及肺癌的组织类型[3]

取480只雄性Wistar大鼠（体重为200～250g），随机分成6个组（见表8-1）。第1组一次气管注入1ml生理盐水；第2～5组则分别注入混匀于1ml生理盐水中的重量均为50mg的单纯矿尘或加入了不同百分比 $ThO_2$ 的矿尘；第6组为悬浮于1ml生理盐水的18mg $ThO_2$。实验结束时（气管注入后第24个月）对第2～6组大鼠的肺组织累积吸收剂量分别进行了计算，具体结果列于表8-1。

**表8-1 大鼠气管注入 $ThO_2$ 和含钍稀土矿尘所致肺组织的累积吸收剂量（24个月内）**

**Table 8-1 The cumulative absorb dose to the lung tissue of the rats 24 months later after intratracheal injection $ThO_2$ and thorium-containing ore dusts**

| 组别 | 大鼠数（只） | 染毒物类型 | 累积吸收剂量（Gy） |
|---|---|---|---|
| 0 | 200 | 空白对照 | — |
| 1 | 80 | 生理盐水 | — |
| 2 | 80 | 矿尘（50mg） | $3.74\times10^{-4}$ |
| 3 | 80 | 矿尘+1%$ThO_2$（总量50mg） | $1.01\times10^{-2}$ |
| 4 | 80 | 矿尘+6%$ThO_2$（总量50mg） | $6.05\times10^{-2}$ |
| 5 | 80 | 矿尘+18%$ThO_2$（总量50mg） | $1.49\times10^{-1}$ |
| 6 | 80 | 18mg $ThO_2$ | $3.50\times10^{-1}$ |

对上述各组，在气管注入后的第6、12、18和24个月，随机选择6～18只大鼠（大多数为9～10只）进行活杀*。取出全肺和肺门

* 血清中铜蓝蛋白含量和组织羟脯氨酸含量的测定也是使用同一批大鼠。

淋巴结分别称重，用肉眼观察后，取材、制片，再用显微镜及电镜进行观察，主要观察肺部肿瘤发生情况。结果表明，动物染尘后经过12个月才开始出现肺肿瘤，表8-2列出了肿瘤发生情况。

**表8-2 大鼠气管注入$ThO_2$和含钍稀土矿尘后不同时间肺肿瘤发生率**

**Table 8-2 The incidence of lung tumor of the rats after intratracheal injection $ThO_2$ and thorium-containing ore dusts**

| 组别 | 12个月 | | | 18个月 | | | 24个月 | | |
|---|---|---|---|---|---|---|---|---|---|
| | 大鼠数 | 发瘤鼠数 | 发生率（%） | 大鼠数 | 发瘤鼠数 | 发生率（%） | 大鼠数 | 发瘤鼠数 | 发生率（%） |
| 0 | 9 | 1 | 18.2±11.1 | 9 | 1 | 18.2±11.1 | 12 | 2 | 21.4±10.6 |
| 1 | 10 | 1 | 16.7±10.3 | 9 | 3 | 36.4±13.9 | 13 | 2 | 20.0±10.0 |
| 2 | 11 | 0 | 7.7±7.1 | 9 | 1 | 18.2±11.1 | 12 | 3 | 26.7±11.4 |
| 3 | 9 | 0 | 9.1±8.3 | 8 | 1 | 20.0±12.0 | 6 | 0 | 12.5±11.0 |
| 4 | 9 | 0 | 9.1±8.3 | 10 | 2 | 25.0±12.0 | 18 | 4 | 25.0±12.0 |
| 5 | 10 | 1 | 16.7±10.3 | 11 | 1 | 15.4±9.6 | 9 | 5 | 54.5±14.4① |
| 6 | 10 | 3 | 33.3±13.1 | 10 | 2 | 25.0±12.0 | 14 | 9 | 62.5±11.7②,③ |

① 与其他各组相比（5组除外），$P<0.05$；② 与3组相比，$P<0.05$；且与本组12个月、18个月的发生率相比，$P<0.05$；③ 与本组18个月的发生率相比，$P<0.05$。

由表8-2可见，直到24个月第6组的肺肿瘤发生率才显著高于其他各组（5组除外），这是否意味着这些致癌因素的致癌效应需要经过一个“潜伏期”。

2、3、4、5组的肺肿瘤发生率始终与对照组无显著差别，说明单独矿尘或附加18%（或以下）$ThO_2$的情况下未见明显的致肺肿瘤作用，但当肺内$ThO_2$的注入量达18mg，且只有到染尘24个月时肺肿瘤的发生率才显著高于对照组，似乎表明$ThO_2$所致的肺剂量（0.35Gy）起了关键作用。此值与ПонимареваВ. Л的实验结果（当大鼠肺组织接受来自$ThO_2$的α辐射的剂量达到0.25Gy时开始出现肺部肿瘤发生率的增加）很近似。此外，从24个月时第5、6两组的结果看，肺累积剂量0.15Gy的效应与0.35Gy的效应没有明显差别，暗示矿尘的某些化学因素，特别是其中的$Fe_2O_3$可能对$ThO_2$的致癌作用起了促进作用。

#### 8.3.1.3 气管注入 $ThO_2$ 和含钍稀土矿尘对大鼠血清中铜蓝蛋白含量的影响[2]

铜蓝蛋白是反映肺组织纤维化过程的一项较敏感的生化指标，我们用此来比较在各组大鼠之间是否存在这方面的差别。以判断放射性因素钍和非放射性化学因素游离 $SiO_2$ 等之间可能存在的相互关系。

在气管注入 $ThO_2$ 和含钍稀土矿尘后的第 6、12、18 和 24 个月，从各组中随机选择大约 10 只大鼠（18 个月和 24 个月的取样数为 6～18 只）进行活杀。取静脉血，用改进的 Ravin 微量测量法[4]，测定了血清中铜蓝蛋白含量，结果列于表 8-3。

表 8-3　各组大鼠染尘后不同时间血清中铜蓝蛋白的含量（U/ml）

Table 8-3　The serum ceruloplasmin level (U/ml) of rats in different groups in different intervals after intratracheal injection dusts

| 组别 | 6个月 | | | 12个月 | | | 18个月 | | | 24个月 | | |
|---|---|---|---|---|---|---|---|---|---|---|---|---|
| | 样品数 | 均值 | 标准差 | 样品数 | 均值 | 标准差 | 样品数 | 均值 | 标准差 | 样品数 | 均值 | 标准差 |
| 0 | 10 | 7.1 | 0.9 | 10 | 13.9 | 3.6 | 10 | 17.0 | 4.9 | 17 | 19.3 | 5.4 |
| 1 | 10 | 7.0 | 1.5 | 10 | 14.4 | 2.3 | 11 | 19.7 | 5.6 | 18 | 18.5 | 3.5 |
| 2 | 10 | 10.2② | 1.5 | 10 | 20.8① | 7.9 | 9 | 18.1 | 5.1 | 13 | 19.1 | 3.6 |
| 3 | 10 | 10.8② | 3.2 | 10 | 19.0① | 5.0 | 8 | 17.0 | 2.9 | 6 | 18.3 | 4.5 |
| 4 | 10 | 10.6② | 1.8 | 10 | 15.8 | 2.3 | 10 | 16.1 | 3.6 | 17 | 22.0 | 2.0 |
| 5 | 10 | 9.7① | 3.6 | 10 | 16.3 | 2.6 | 10 | 15.8 | 4.1 | 9 | 18.1 | 4.7 |
| 6 | 10 | 10.6② | 2.6 | 10 | 18.2① | 3.6 | 10 | 22.4③ | 7.9 | 14 | 18.8 | 3.8 |

① 与其他各组相比（0、1 组）相比，$P<0.05$；② 与对照组（0、1 组）相比，$P<0.01$；③ 与 4、5 组相比，$P<0.01$。

从表 8-3 的结果可以看出，染尘后 6 个月，各染尘组铜蓝蛋白含量均显著高于对照组。此外，第 6 组和第 2 组的铜蓝蛋白含量相比无显著差别，说明 18mg $ThO_2$ 的致纤维化能力和 50mg 矿尘的相当，换言之，依气管注入物单位质量的致纤维化能力而论，$ThO_2$ 约为白云矿稀土矿尘的 3 倍。这间接说明了，对于钍含量只有 0.04%的白云矿的稀土矿尘而言，白云鄂博矿工人出现的尘肺，主要是由于长期吸入过量的粉尘中的化学成分，例如 $SiO_2$ 等引起，钍的作用与非钍矿尘的作用相比似乎只有 1/80。这项实验结果，对于正确评价含有不同百分比钍的粉尘，有重要参考价值。

#### 8.3.1.4 气管注入$ThO_2$和含钍稀土矿尘对大鼠肺组织中羟脯氨酸含量的影响[5]

羟脯氨酸是反映肺组织内胶原纤维活跃程度的一项生化指标，能反映肺组织潜在的纤维化水平。为此，我们也进行了观察和比较。

在大鼠染尘后第6、12、18和24个月，在前述7组动物中，从每组随机取大约10只活杀。取全肺，称鲜重，参照改良的羟脯氨酸测定法[6]测定了每只大鼠肺组织中的羟脯氨酸含量并进行组间比较。比较结果表明，此实验结果与测定血清中铜蓝蛋白时的实验结果基本一致，同样说明就气管注入物单位质量的作用而论，$ThO_2$对大鼠肺组织的致纤维化作用大约是白云鄂博矿的稀土矿尘的3倍。具体数据列于表8-4。

表8-4 染尘后不同时间各组大鼠肺羟脯氨酸含量（mg）

Table 8-4 The contents of hydroxyproline（mg）in the lung tissue of the rats in different groups in different intervals after intratracheal injection dusts

| 组别 | 6个月 | | | 12个月 | | | 18个月 | | | 24个月 | | |
|---|---|---|---|---|---|---|---|---|---|---|---|---|
| | 样品数 | 均值 | 标准差 | 样品数 | 均值 | 标准差 | 样品数 | 均值 | 标准差 | 样品数 | 均值 | 标准差 |
| 0 | 8 | 6.8 | 0.7 | 9 | 7.9 | 1.3 | 8 | 9.8 | 1.9 | 10 | 9.6 | 1.4 |
| 1 | 7 | 7.0 | 0.9 | 10 | 7.4 | 0.6 | 6 | 10.2 | 1.5 | 11 | 9.0 | 2.9 |
| 2 | 8 | 8.3① | 1.1 | 8 | 10.4② | 2.1 | 9 | 10.4 | 2.0 | 12 | 10.7 | 1.9 |
| 3 | 5 | 8.8① | 1.8 | 9 | 10.7② | 2.2 | 8 | 10.8 | 1.6 | 6 | 11.1 | 1.4 |
| 4 | 10 | 8.7② | 1.0 | 9 | 10.8② | 2.8 | 8 | 13.8②,③ | 1.9 | 14 | 10.8① | 2.5 |
| 5 | 9 | 9.6② | 1.5 | 8 | 11.8② | 1.8 | 9 | 11.6① | 1.7 | 5 | 12.0 | 3.2 |
| 6 | 10 | 9.2② | 1.5 | 9 | 13.4② | 2.6 | 10 | 12.2① | 2.6 | 13 | 11.1 | 2.6 |

①与对照组相比，$P<0.05$；②与对照组相比，$P<0.01$；③与各组（6组除外）相比，$P<0.01$。

### 8.3.2 体外实验

#### 8.3.2.1 $ThO_2$和含钍稀土矿尘对金黄地鼠胚胎细胞的致癌作用[7]

将整个研究分成4组进行：

① 1ml生理盐水中加入17μg的含钍稀土矿尘；② 1ml生理盐水

中加入 6$\mu$g$ThO_2$＋27.4$\mu$g 含钍稀土矿尘；③ 1ml 生理盐水中加入 6$\mu$g$ThO_2$；④ 1 滴生理盐水（对照组）。

以上 4 组中，除了第 2 组只有加底层的 3 瓶培养外，其他 3 个组均有有底层和无底层各 3 瓶。底层指接种原代细胞 $3\times10^6$ 细胞/瓶。3d 后将有底层的 12 瓶用$^{60}Co$ $\gamma$ 射线照射 45Gy，剂量率为 2Gy/min，照后 1h 每瓶接种 2000 个第 1 代细胞。无底层的每瓶接种 $1.1\times10^6$个第 1 代细胞。各组接种细胞后立即将以上 4 组配制好的溶液加入瓶内，作用 2d，弃去各瓶培养液，用 PBS 液洗 2 次，换新配制的新鲜培养液。按以下步骤进行观察：（1）取第①、③和④组各 2 瓶，制片，在显微镜下进行细胞形态学改变的观察，用透射电镜对细胞超微结构进行观察；（2）取第①和③组第 4 和第 5 代细胞，常规加秋水仙素培养，制片，进行染色体分析；（3）取第①、③和④组第 6 代细胞各 1 瓶，胰酶消化成单细胞悬液，接种于琼脂培养基培养，底层为由含 3 块金黄地鼠肺组织（每块 1mm$^3$）的 0.5%琼脂培养基构成，培养 12d，观察细胞集落形成。

结果表明，细胞一般形态学改变表现为加入上述矿尘或 $ThO_2$后的第 2d 即可见部分细胞吞噬粉尘颗粒、细胞肿胀和空泡变性，第 3d 更明显，甚至少数细胞高度肿胀、崩解。

加粉尘后第 7d，除第④组外，其余各组均出现有复层交叉灶。形态转化灶表现为细胞灶中央呈五、六层或十几层细胞，呈十字交叉排列，灶周边细胞呈放射状或十字交叉，细胞大小不一，折光性强。

细胞超微结构改变，上述①组（单纯矿尘）和③组（单纯 $ThO_2$），部分细胞浆内吞噬有粉尘颗粒；粗面内质网（PER）高度扩张，呈囊泡状，腔内含有蛋白性物质；线粒体肿胀；部分细胞核糖体明显增多；细胞表面微绒毛增多、变长，甚至呈分支状。

染色体分析结果表明：①组和③组细胞均为亚二倍体细胞，未见染色体环、双微小体、断片或染色体桥等。

此外，①组（单纯矿尘）和③组（单纯 $ThO_2$）在软琼脂培养基内有细胞集落形成，其平均细胞集落形成率分别为（0.83±0.04）%和（0.88±0.04）%；第④组（对照组）则未见细胞集落形成。

上述实验结果表明，不仅 $ThO_2$ 和稀土矿尘混合组、纯 $ThO_2$ 组的细胞发生恶性转化，而且稀土矿尘组的细胞也发生转化。

#### 8.3.2.2 金黄地鼠颊囊粘膜下接种恶性转化细胞

将第①组（单纯矿粉）和第③组（单纯 $ThO_2$）的恶性转化细胞分别接种至 4 只和 2 只金黄地鼠的颊囊粘膜下。结果表明，在接种了单纯稀土铁矿粉组恶性细胞的 4 只金黄地鼠中的 1 只于第 7d 局部有绿豆大肿瘤结节形成，于第 32d 活杀时已长到 1.5cm×1.0cm×0.8cm 大小；组织学上属分化较好的纤维肉瘤；未见内脏转移。另 3 只实验结束时未见肿瘤形成。接种了 $ThO_2$ 组恶性转化细胞的 2 只金黄地鼠于第 8d 局部有绿豆大小肿瘤形成，于实验结束时分别长到 1.8cm×1.0cm×0.9cm 和 2.0cm×1.8cm×2.2cm，组织学上也均属分化较好的纤维肉瘤。

上述结果进一步说明在细胞水平，不仅 $ThO_2$ 具有致癌性，含钍稀土铁矿尘也具有致癌性。根据剂量估算，当培养瓶中 $ThO_2$ 含量为 6μg（溶于 1ml 生理盐水中）时，如作用 7d，每瓶恶性转化细胞所接受的累积剂量仅为 $0.43\times10^{-5}$ Gy，对于单纯加入含钍稀土铁矿尘，其所致吸收剂量更是微不足道了。此外，在含钍稀土铁矿尘的致癌过程中，$Fe_2O_3$ 有不可忽视的促进作用。因为 $Fe_2O_3$ 在矿尘中占到 37.08%，而且有报道[8]认为细胞内铁的过量可能增加由辐射产生的自由基的有效射程。此外，铁可能是人体内恶性转化细胞生长和复制的有限的营养物，因而铁含量较高时可能增加转化细胞存活而变为临床上明显的肿瘤。

### 8.3.3 流行病学调查和医学检查

同上述体内实验和体外实验相平行，我们对白云鄂博稀土铁共生矿的 2072 多名吸入含钍稀土铁矿尘一年以上的接尘矿工进行了肺癌死亡率流行病学调查，对部分矿工进行了包括呼出气中钍射气活度的测定在内的全面体检。体检内容包括内科检查、肺功能测定、X 线胸片的拍摄、血清中铜蓝蛋白和羟脯氨酸的测定等。

#### 8.3.3.1 吸入含钍稀土铁矿尘矿工和对照人员呼出气中钍射气活度的比较[9]

采用分层随机采样方法，用静电收集呼出气中钍射气子体法[10]测定了130名接尘矿工（来自该矿6个发尘车间）呼出气中的钍射气活度。同时，对来自该矿矿区的非接尘人员、石灰石矿的矿工，以及卫生部工业卫生实验所的无接触放射性钍历史的工作人员总共124人，进行了124次呼出气中钍射气活度的测定，作为对照进行比较。结果列于表8-5。由表8-5可见，接尘矿工组的呼出气中钍射气活度显著高于各对照组。说明该矿接尘矿工肺内确实受到一定的钍污染，但污染并不严重。

表8-5 接尘矿工和对照人员呼出气中钍射气活度测定结果

Table 8-5 The exhaled thoron activity of dust exposed miners and their controls

| 测定单位 | 测定人数 | | 口腔中产气$^{224}$Ra 加权平均值1) (Bq) | |
|---|---|---|---|---|
| | 总数 | 吸烟者 | 均 值 | 均值标准差 |
| 白云鄂博稀土铁矿（接尘作业） | 130 | 98 | 0.078 | 0.002 |
| 铁矿生活区(非接尘作业) | 10 | 5 | 0.029 | 0.007 |
| 卡布其石灰石矿 | 6 | 4 | 0.015 | 0.011 |
| 卫生部工业卫生实验所（1983年） | 16 | 7 | 0.019 | 0.007 |
| 卫生部工业卫生实验所（1984～1986年） | 92 | 24 | 0.031 | 0.011 |

1) 加权平均值$=\sum\left[x_i/(S.E.)_i^2\right]/\sum(S.E.)_i^{-2}$，是以每个测量值的方差的倒数为权的加权均值。

#### 8.3.3.2 吸入含钍稀土铁矿尘矿工和对照人员的肺癌死亡率

流行病学调查结果表明，1977～1990年间2000多名在该矿至少接尘一年的工人和在该矿的2000多名的非接尘工人和职工（作为内对照组）的肺癌死亡率未见到在统计学上有意义的差别（$\chi^2=1.94$，$P>0.05$），虽然在此期间接尘组的肺癌死亡例数高于对照组（表

8-6)。从1977年1月1日至1990年12月31日，接尘组和对照组的人数分别为32114和20390。

表8-6 两组肺癌标化死亡比（SMR）的比较（1977～1990）

Table 8-6 A comparison of standardized mortality ratios (SMR) between the group of miners and that of controls. (1977～1990)

| 组别 | 预期值 | 观察值 | SMR | 95%置信区间 |
|---|---|---|---|---|
| 矿工 | 2.15 | 9 | 4.18 | 1.92～7.93 |
| 对照 | 2.12 | 4 | 1.89 | 0.51～4.83 |

### 8.3.3.3 接尘矿工和对照人员肺功能障碍的比较

白云鄂博矿矿石中所含$ThO_2$是难溶性化合物，矿尘被矿工吸入后将长期沉积在肺内。因此，除了观察长期吸入这种含钍矿尘后是否会引起肺癌外，还要观察肺功能是否受到影响。我们采用日本生产的Discom-21型电脑控制的肺功能机对白云鄂博矿67名钍尘吸入矿工和69名对照者进行了测定。这两组工人的平均年龄、平均职业史和平均吸烟史以及每天的平均吸烟支数是基本相同的。测定结果表明，两组之间肺功能障碍的差别非常显著（见表8-7）。这说明长期吸入含钍稀土矿尘对肺功能是有影响的。

表8-7 肺功能障碍的比较

Table 8-7 A comparison of lung function disorders

| 组别 | 被检人数 | 检出例数 | 障碍类型 | | |
|---|---|---|---|---|---|
| | | | 阻塞 | 限制 | 混合 |
| 接尘 | 67 | 18 | 8 | 7 | 3 |
| 对照 | 69 | 0 | 0 | 0 | 0 |

### 8.3.3.4 肺内钍和钍尘沉积量与X线胸片检查结果的相互关系

我们在事先不告诉被检矿工肺内钍沉积量的条件下，由放射科医生对被检者所拍摄的胸片进行尘肺诊断。结果发现，对于被检矿工的$0^+$期尘肺，其出现的可能性与肺内钍及钍矿尘沉积量有一定的关系，即低于某个钍和钍矿尘的水平时，未发现$0^+$期尘肺，我们把处于这个水平的含钍稀土矿尘的具体数值称之为引起 $0^+$ 期尘肺的实际阈值。至于肺内含钍稀土矿尘值的获得是根据 1mg 天然钍＝109pCi 的天然钍以及天然钍在矿石中含量的百分比为 0.04％换算得到的。具体数值列于表 8－8。

表 8－8　引起 $0^+$ 期尘肺的肺内含钍和稀土矿尘的实际阈值

Table 8－8　The practical threshold of the thorium lung burden and rare－earth ore dusts inducing $0^+$ stage pneumoconiosis

| 车间名称 | 矿工人数 | $0^+$ 期尘肺例数 | 实际阈值 | |
|---|---|---|---|---|
| | | | 钍（Bq） | 矿尘（mg） |
| 破碎 | 31 | 8 | 1.52 | 940 |
| 破碎 | 94 | 26 | 1.30 | 803 |
| 破碎 | 86 | 4 | 1.26 | 780 |

8.3.3.5　矿工肺内钍沉积量和血清铜蓝蛋白的相互关系[11]

结果列于表 8－9。由表 8－9 可见，接尘矿工血清铜蓝蛋白含量明显高于对照组。血清铜蓝蛋白是反映人肺组织纤维化过程的一项生化指标。我们的调查研究结果还表明，这项生化指标比较敏感，具体表现在对于肺功能正常的接尘矿工，可以观察到铜蓝蛋白显著高于非接尘矿工（见表 8－10）。

表 8－9　矿工肺内钍沉积量和血清中铜蓝蛋白的相互关系

Table 8－9　The relationship between the thorium lung deposition and the serum ceruloplasmin level of the miners

| 组别 | 肺内钍沉积量（Bq） | 人数 | 血清铜蓝白含量（U/ml） | | $P$① |
|---|---|---|---|---|---|
| | | | 均值 | 均值标准差 | |
| 接尘矿工 | ＜0.74 | 72 | 11.74 | 0.39 | ＜0.01 |
| | 0.78～1.11 | 11 | 11.44 | 0.74 | ＜0.01 |
| | 1.15～1.67 | 8 | 10.58 | 0.21 | ＜0.01 |
| 对照 | 0.10～0.66 | 8 | 5.53 | 0.34 | |

① 与对照组比较。

表 8－10　肺功能均属正常的接尘矿工和对照人员的血清铜蓝蛋白含量比较

Table 8－10　A comparison of the serum ceruloplasmin level between the dusts exposed miners and the controls, the lung functions of both of them are normal

| 组别 | 人数 | 血清中铜蓝蛋白含量（U/ml） | | P① |
|---|---|---|---|---|
| | | 均值 | 均值标准差 | |
| 矿工 | 65 | 11.10 | 0.38 | ＜0.01 |
| 对照 | 8 | 5.53 | 0.34 | |

① 与对照组比较。

### 8.3.3.6　接尘矿工和非接尘对照人员血羟脯氨酸含量的比较

血羟脯氨酸是反映肺组织胶原代谢活跃程度的一项生化指标。根据我们测定的 84 名接尘矿工的血羟脯氨酸的水平表明，工龄 15 年以上和 25～31 年者的平均值和对照人员的平均值之间存在显著差别（见表 8－11）。

表 8－11　接尘矿工和非接尘对照人员血羟脯氨酸含量（mg/dl）

Table 8－11　The contents (mg/dl) of hydroxyproline in blood of dust exposed miners and that of unexposed controls

| 工龄（a） | 人数 | 测定值 | 均值 | 标准差 |
|---|---|---|---|---|
| ＜15 | 11 | 0.68～1.61 | 0.92 | 0.30 |
| 15～ | 35 | 0.77～2.69 | 1.23* | 0.35 |
| 20～ | 10 | 0.89～1.39 | 1.14 | 0.20 |
| 25～31 | 28 | 0.60～1.59 | 1.12* | 0.31 |
| 非接尘对照 | 10 | 0.31～1.44 | 0.84 | 0.38 |

* 与对照组相比，$P<0.05$。

## 8.4　小　结

动物实验结果表明吸入 $ThO_2$ 确实有致癌作用。

矿尘中主要成分之一——$Fe_2O_3$（含量为 37%）对 $ThO_2$ 致癌的促进作用不仅在整体水平能见到，在细胞水平似乎也能见到。

流行病学调查表明，该矿在接尘矿工中，从 1977～1990 年年底没有观察到由于长期吸入钍和钍射气子体导致肺癌死亡率的增加。接尘矿工和内对照人员肺癌的 SMR 均大于 1 的事实很可能是吸烟、$SiO_2$、$ThO_2$、钍射气和氡的短寿命子体的致肺癌作用，以及 $Fe_2O_3$ 的促进作用所致。较高的吸烟率（两组均为～80％）是一个不可忽略的重要因素。

动物实验表明，18mg $ThO_2$ 对大鼠血清中铜蓝蛋白和肺组织中羟脯氨酸的作用和 50mg 含钍稀土铁矿尘的作用相当，这是一项很有实际意义的实验结果，并由此可以认为，由于矿尘中 $ThO_2$ 的浓度很低，只有 0.04％，而矿尘中其他化学成分，如 $SiO_2$（10％）的浓度相对较高。结合上述实验结果，作者认为接尘矿工中肺功能障碍和 $0^+$ 期尘肺的出现，主要是矿尘中的化学成分，如 $SiO_2$ 等所引起，$ThO_2$ 的作用较小。医学检查结果还发现，接尘矿工中 $0^+$ 期尘肺的发生是和肺内含钍稀土矿尘的沉积量有一定关系，并可能存在着一个实际阈值；血清中的铜蓝蛋白是早期反映肺组织纤维化过程的最敏感指标之一。

## 参考文献

1 Понимарева ВЛ. Отдаленные Последствия на Организм Крыс Пылерадеионого Фактора В Сочетание с Хроническим γ - облученнем. Гигиена Итруда и Профессионалнные Заболевания，1979，(1)：10

2 肖慧娟，吕慧敏，杨英杰等．含钍稀土粉尘对大鼠血清铜蓝蛋白含量的影响．中华放射医学与防护杂志，1993，13 (4)：250

3 王玉珍，程永娥，杨英杰等．稀土矿尘和天然钍联合作用的病理学观察．中华放射医学与防护杂志，1993，13 (1)：28

4 杨宝珠等. 血清铜蓝蛋白的微量测定方法的探讨．冶金劳动卫生，1981，7 (2)：30

5 陈莲，孙学智. 稀土矿尘和钍致大鼠肺纤维化作用的观察．中华放射医学与防护杂志，1992，12 (1)：45

6 郑少雄. 血尿羟脯氨酸测定方法改进．中华医学检验杂志，1983，6 (3)：133

7 高凤鸣，李新兰，王文惠．二氧化钍铁矿粉尘体外诱发金黄地鼠胚胎细胞恶生转化的研究．中华放射医学与防护杂志，1991，11（3）：164
8 Stevens R G，Akiba S，Kabuto M，et al. Iron stores and risk of cancer. PNL - 7200 Pt. 1 UC - 408. Pacific northwest laboratory，1990，5 - 9
9 Chen X - A，Xiao H - J，Yang Y - J，et al. A follow - up study（1980—1987）on the relationship between thorium lung burden and health effects on miners at the Bayun Obo Mine，China. BIR Report 21. 1989，180 - 183
10 高凤鸣．含二氧化钍的稀土混合矿尘体外诱发金黄地鼠胚胎细胞的恶性转化．癌变·畸变·突变，1989，1（1）：12
11 程永娥．钍尘作业工人血清铜蓝蛋白含量观察．中华放射医学与防护杂志，1989，9（4）：282

# 9 二氧化钍从1名矿工肺内廓清的7年观察及分析评价

## 9.1 引 言

本章将阐述白云鄂博稀土铁矿1名矿工在1983～1990年期间对其呼出气中钍射气活度的测量结果和肺内钍沉积量的估算结果。我们所取得的结果是非常有意义的，因为摄入至肺内的部分廓清是非常非常慢的。考虑到人类除了注射过钍造影剂的病人外，这方面的资料极为稀少，因此，将较为详细地介绍调查测定的情况及其结果。

被测对象是1位白云鄂博稀土铁矿破碎车间的矿工，其工作年限为1958～1992年。破碎车间空气中的矿尘浓度为9.30～875.0mg·$m^{-3}$，其平均浓度为188.71mg·$m^{-3}$。矿尘的组成不仅含有铁、稀土元素、二氧化硅，还有钍。钍的含量为0.04%。在1983年，我们发现这位工人肺内钍沉积量（钍负荷）在该矿是最高的。为此我们对他在离开接尘岗位的前后进行了追踪研究。

## 9.2 方 法

我们所使用的呼出气中钍射气活度的测量方法源自1982年从美国国立阿贡实验室[1,2]所取得的经验。这个方法的基础是通过静电将子体$^{212}$Pb收集在一个带负电的Mylar小盘上，85%～88%的$^{212}$Pb是带正电的。呼出气中的钍射气活度是以被测对象口腔中游离的产气的$^{224}$Ra（$^{220}$氡的母体）的活度表示。一个转换系数3.7Bq的产气$^{224}$Ra在口腔中的当量活度对37Bq的$^{232}$钍是用于估算出钍负荷。基于白云鄂博矿不同于阿贡实验室的客观条件，我们将加载在电极上的负压由5.0kV上升至9.0kV。从而使该测量系统的总效率从50%提高到70%。计数器的本底极低（6个计数/天）。总的不确定性（overall uncertainty）强烈地依赖于产气$^{224}$Ra（emanating $^{234}$Ra）的值，当产气$^{224}$Ra的含量在0.037～3.70Bq的范围内，其不确定性为±(0.013～0.07）Bq。从1983～1990年期间，我们对这位矿工呼出气中钍射气活度在不同的时间间隔内进行了15次测定，从而得出了相应的肺内钍沉积量的估算值。

## 9.3　结　果

钍负荷的估算值（thorium lung burden estimates)

钍负荷的估算值列在表9-1。在该矿工离开接尘岗位之前，我们有3个估算值，此后又有15个估算值。

表9-1　$ThO_2$在1名矿工脱离接尘岗位前后从肺内的廓清

Table 9-1　Clearance of $ThO_2$ from the lung of a miner before and after his leaving dust post

| 日期 | 肺内钍负荷（Bq） | 日期 | 肺内钍负荷（Bq） |
|---|---|---|---|
| 1983年9月19日 | 5.50 | 1985年10月25日 | 1.55 |
| 1984年3月13日 | 4.78 | 1986年4月23日 | 2.41 |
| 1984年7月15日 | 4.43 | 1986年4月28日 | 2.34 |
| 1984年10月15日 | 脱离接尘岗位 | 1986年4月30日 | 2.21 |
| 1984年10月27日 | 3.13 | 1987年8月9日 | 1.98 |
| 1984年10月30日 | 3.56 | 1987年8月14日 | 1.75 |
| 1984年10月31日 | 3.99 | 1988年8月21日 | 1.85 |
| 1985年6月23日 | 2.88 | 1990年8月13日 | 2.31 |
| 1985年10月10日 | 2.11 | 1990年8月30日 | 2.16 |
| 1985年10月15日 | 1.78 | | |

为了能用计算机对数据进行分析，表9-2是根据原始的表9-1的数据建成的。美国专家Edward G Damon博士是用他的计算机程序（RS1）制作了表9-2中的2至4列，第2列行列出了他脱离接尘岗位后所经过的天数。第3列列出了自脱离接尘岗位后的初始肺负荷

(initial lung burden，ILB) 的平均百分数。第 4 列列出了以 pCi 为单位的肺负荷。图 9-1 显示了根据表 9-2 中第 2 列和第 3 列描绘出的数据。应用下列二元的负幕函数得出了同上述数据拟合的曲线。

$$f(x)=A\exp(-0.693X/B)+(100-A)\exp(-0.693X/D)$$

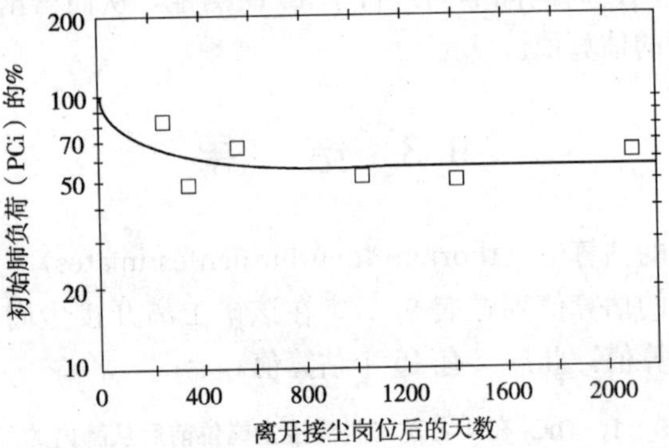


图 9-1　在离开接尘岗位后 $ThO_2$ 从一名矿工肺内的廓清。□%为初始肺负荷（pCi）

Figure 9-1　Thorium oxide lung clearance of a miner after his leaving the dust post. □%: initial lung burden (pCi.)

表 9-2　$ThO_2$ 从 1 名矿工脱离接尘岗位前后从肺内的廓清

Table 9-2　Clearance of $ThO_2$ from the lung of a miner before and after his leaving the dust post

| 日期 | 离开接尘岗位后的天数 | 脱离岗位后肺内初始钍负荷的平均值（%） | 钍负荷 (pCi) | 钍负荷 (Bq) |
|---|---|---|---|---|
| 1983 年 9 月 19 日 | | | 148.65 | 5.50 |
| 1984 年 3 月 13 日 | | | 129.19 | 4.78 |
| 1984 年 7 月 15 日 | | | 119.73 | 4.43 |
| 1984 年 10 月 15 日 | | | | |
| 1984 年 10 月 27 日 | 0 | 100.00 | 96.22 | 3.13 |
| 1984 年 10 月 30 日 | 0 | 100.00 | 96.22 | 3.56 |
| 1984 年 10 月 31 日 | 0 | 100.00 | 96.22 | 3.99 |
| 1985 年 6 月 23 日 | 239 | 80.90 | 77.84 | 2.88 |
| 1985 年 10 月 10 日 | 348 | 50.94 | 49.01 | 2.11 |

续表

| 日期 | 离开接尘岗位后的天数 | 脱离岗位后肺内初始钍负荷的平均值（%） | 钍负荷（pCi） | 钍负荷（Bq） |
|---|---|---|---|---|
| 1985年10月15日 | 353 | 50.94 | 49.01 | 1.78 |
| 1985年10月25日 | 363 | 50.94 | 49.01 | 1.55 |
| 1986年4月23日 | 543 | 65.17 | 62.70 | 2.41 |
| 1986年4月28日 | 548 | 65.17 | 62.70 | 2.34 |
| 1986年4月30日 | 550 | 65.17 | 62.70 | 2.21 |
| 1987年8月9日 | 1016 | 52.39 | 50.41 | 1.98 |
| 1987年8月14日 | 1021 | 52.39 | 50.41 | 1.75 |
| 1988年8月21日 | 1394 | 51.97 | 50.00 | 1.85 |
| 1990年8月13日 | 2116 | 62.78 | 60.41 | 2.31 |
| 1990年8月30日 | 2133 | 62.78 | 60.41 | 2.16 |

函数拟合计算机过程和统计学拟合的良好情况的结果都在表9-3中。根据参数表，其拟合的结果为：

$$44\exp(-0.693X/112)+56\exp(-0.693X/2553372)$$

回归方程的标准差是8.31792。结果表明初始肺负荷的44%是以112天的半排期廓清，56%是以半排期2553372天（~7000年）廓清。

表9-3　参数表

Table 9-3　Parameter table

| 参数 | 最终值 | S.E. | 可信限下限95% | 可信限上限95% |
|---|---|---|---|---|
| A | 43.867639 | 9.157199 | 23.915815 | |
| B | 111.509929 | 75.127155 | −52.178080 | |
| C | 2553372.948267 | 26440270.280.939 | −55055027.080142 | 6016 |

## 9.4　讨　论

描写人的有关钍化合物滞留报告在以前是非常少的，除了那些用大剂量低比活度胶体注射后的钍造影剂（thorotrast）病例。

Rundo[3]根据2例因事故摄入$^{228}Th$后测量结果的外推，其生物半排期至少2000天，可能更长。Newton[4]研究了1名男子$^{228}Th$的滞留长达7年，其内沾染可能是由于该男子吸入了核素的氧化物，研究结果表明从身体长期廓清的生物半排期至少14年，甚至更长。关于我们的情况，所述及的放射性核素$ThO_2$，是矿尘中的很小的成分，因此，第1期（first stage）的吸收、粒子的溶解和转运，取决于主要基质。该矿尘的主要成分如下：37.08%为$Fe_2O_3$；10.60%为$SiO_2$；10.40%为CaO；8.80%为FeO；另22.42%为其他14种化合物，如MgO、$Al_2O_3$；余下的10.60%为36种元素，例如La、Ce等。所以，有理由认为44%的半排期为112天主要反映了$Fe_2O_3$的半排期。Le Bouffant和Henin[5]报告的$Fe_2O_3$的半排期为100～280天。

在1985年，这位矿工得了1期尘肺。从其X线胸片上可以看到肺区血管和颗粒的增加，在肺的中叶和下叶出现散在的小结节，上述所见说明该矿工肺的纤维化相当严重。这就造成相当数量的矿尘已被纤维组织所包围。因此，只有钍射气才能在它们所在的位置排出。这也许能解释为何56%的初始钍负荷以半排期～7000年排出。

## 9.5 致　谢

特别要感谢Edward G Damon博士在他的实验室用他的计算机程序（RS1）分析我们的数据。

## 参考文献

1 Toohey R E, et al. Measurement techniques for radium and the actinides in man at the center for human radiobiology. Health Physics, 1983, 44, 1323 - 1341

2 Chen Xing - an, et al. Investigation on the measurement of human exhaled thoron activity. Chin J Radiol Med Prot, 1981, 2 (1) 1

3 Rundo J. Two cases of chronic occupational exposure to radioactive

materials. Assessment of Radioactivity in Man, 1964, 11, 291-306

4 Newton D, Rundo J, Eakins J D. 1981 Long-term retention of $^{228}Th$ following accidental intake. Health Phys, 40, 291-298

5 Le Bouffant, Henin J P. Measure of pulmonary clearance in man with tagged iron oxides. INSERM, 1974, 29, 193-204

# 10　综合性卫生防护措施及其效果

我们从深入该矿一开始，就认真贯彻卫生部预防为主、防治结合的方针，相信群众，依靠群众，尊重群众的首创精神。

多年来，每次结束现场调查后及时向该矿领导、全矿班组干部进行宣讲和汇报，提出改进措施和有关建议，对于消除该矿干部和工人对放射性钍的不必要恐惧心理、安定职工队伍起到了积极作用，得到了该矿的肯定[1]。

我们所采取的措施及其效果归纳起来有以下 7 个方面。

## 10.1　采取综合性的降尘措施

我们的调查研究和建议引起了该矿领导的重视。在降低该矿破碎等接尘车间空气中的钍尘浓度采取了一系列措施。例如，建立了电除尘装置，振动筛实行了密闭化，工人休息室安装了空调设备，对某些发尘作业必须实行湿式作业作了严格规定，安装了药物淋洗装置，根据 1991 年的测试结果表明，1983 年以来上述措施已取得了明显效果，特别是降尘综合措施的实施使破碎车间空气中粉尘的平均浓度从 1983 年的 1500.94mg・$m^{-3}$ 降至 1991 年的 53.6 mg・$m^{-3}$，到了 2001 年又降至 13.4 mg・$m^{-3}$。

## 10.2　加强个人卫生防护措施

当现场粉尘浓度较高，劳动条件一时不能从根本上得到改善的情况下，个人卫生防护措施究竟能在防尘上起多大作用？我们观察了在同一工种的郭、田两人。郭某的工龄长，但由于经常戴口罩，其肺内天然钍的沉积量反而比工龄短而很少戴口罩的田某低。这里值得一提的是，从事穿孔作业的刘某，不仅经常戴口罩，还总结了在操纵穿孔机时，针对不同季节和时间粉尘飞扬的不同特点，依靠湿式清扫、堵严漏风的玻璃以及利用压缩空气流等综合措施，使其工作9年之后肺内天然钍的沉积量基本上是一般无接触钍尘史人员水平（见表10－1）。总结这些工人的防尘经验，宣传防尘口罩的作用并加以推广，是能够起到一定防护作用的。

**图10－1 陈兴安在车间指导矿工正确使用防尘口罩**

Figure 10－1 Dr. Chen Xing－an told the miner how to use the mask properly

**表10－1 个人防护措施实际效能的初步观察[2]**

Table 10－1 The preliminary observation on the practical effect of individual protection masks

| 姓名 | 工种 | 工龄（年） | 佩戴防尘口罩情况 | 吸烟史 吸烟龄（年） | 吸烟史 吸烟量（支/天） | 肺内天然钍沉积量（pCi） |
|---|---|---|---|---|---|---|
| 郭×× | 皮带 | 25 | 经常戴 | 20 | 10 | 19.07 |
| 田×× | 皮带 | 16 | 很少戴 | 15 | 20 | 28.87 |
| 沙×× | 电铲 | 23 | 戴 | 23 | 20 | 12.83 |
| 郭×× | 电铲 | 24 | 不戴 | 12 | 7 | 24.41 |

续表

| 姓名 | 工种 | 工龄（年） | 佩戴防尘口罩情况 | 吸烟史 | | 肺内天然钍沉积量 |
|---|---|---|---|---|---|---|
| | | | | 吸烟龄（年） | 吸烟量（支/天） | (pCi) |
| 刘× | 穿孔 | 9 | 戴并结合其他措施 | 23 | 15 | 3.03 |
| 吴×× | 穿孔 | 16 | 戴潮口罩 | 13 | 10 | 2.14 |
| 冯×× | 穿孔 | 23 | 防尘口罩 | 20 | 10 | 9.27 |
| 王× | 穿孔 | 17 | 普通纱布 | 15 | 10 | 42.23 |

注：常用的防尘口罩为武安 301 型，阻尘率为 98%～99.6%。

## 10.3 提倡长跑运动，依靠上级领导部门促成工人俱乐部的建立

在深入现场进行调查的过程中，发现有 1 位刘姓矿工，由于每天坚持 4000 米长跑，并在进行繁重体力劳动时始终坚持带防尘口罩，结果其肺内天然钍的沉积量在接尘作业工作 23 年之后，一直保持在非钍尘作业人员的偏低水平。我们及时将上述经验向工人进行宣传，取得了一定的效果。例如，坚持长跑和重视戴防尘口罩的人数就有所增加。

在冬季包钢白云鄂博矿区的气象条件比较恶劣，气温最低时达到摄氏零下 30 多度，而且冬季很长，急需一个工人在室内进行健身锻炼的场所。1991 年 6 月 2 日作者以国家稀土开发应用卫生评价中心主任的名义向国务院稀土办领导小组提出包钢白云鄂博矿在“八五”期间建立一座体育馆的建议。不久，国务院稀土领导小组办公室便致函包头钢铁稀土公司，信中写道：“包头钢铁稀土公司：对于稀土开发应用卫生评价中心陈兴安同志关于建议包钢在白云鄂博建一座体育馆的报告，我们认为是积极的。但考虑到现实性，我们建议把体育馆改为矿山工人恢复中心，配以健身器材和理疗设备，并请矿山组织接尘工人定期疗养和进行强制性体育锻炼。这更有利于工人体能的恢复，这就不会造成体育馆建成后，工人无法得以享受锻炼。”2001 年

白云鄂博矿建成了该矿有史以来的第一个工人俱乐部，供广大矿工使用。

## 10.4 建立工种轮换制度

根据我们对 2 名肺内天然钍沉积量较高的工人在脱离钍尘作业后肺内钍的降低情况进行的观察表明，2 名工人肺内天然钍的沉积量确实有所下降。相反，以另 2 名未脱离钍尘作业的工人作为对照，则不仅不下降并略有增高，说明了对肺内钍沉积量高的工人，脱产休养或调离钍尘作业都能起到一定的防护作用。为此，我们对于少数肺内钍沉积量接近或超过 2 个调查水平（120pCi）者，建议调离粉尘作业，得到了领导的支持。对于肺内钍沉积量达到一个调查水平都建议优先疗养也得到落实。此外，根据我们对该矿 1 名肺内钍沉积量为全矿之首Ⅰ期尘肺的老工人，在其退休前后（1984.10.15 脱离接尘工作），从 1983.9.19 至 1990.8.30 总共进行了 13 次呼出气中钍射气活度的测定和肺内钍沉积量的推算[3]，进一步证明其肺内钍的 44%是以半排期 112 天排出，这说明脱离接尘作业，对工人健康肯定是有利的。

## 10.5 增加查体结果的透明度，关心矿工疾苦

我们这次放射卫生调查同 20 世纪 70 年代其他单位的做法有所不同，不对工人保密其肺内钍污染水平，每位被检矿工都可以来看自己肺内的钍沉积量，可以提问，我们一一给予耐心解答，这对于消除矿工对放射性钍的过分恐惧心理很有帮助，同时密切了医务人员同矿工们的关系。对于他们在矿区或包头难以解决的医疗问题，我们利用长期在北京的有利条件，尽力给予帮助。例如，我们帮助一位矿工解决脑瘤手术问题；帮助一位矿工解决长达 20 年的鼻中隔弯曲问题，在矿工中反映强烈。这种良好的关系，有利于落实我们提出的各项卫生防护措施，并且使矿工们体会到我们的科研确实是为了保护广大矿工

的健康，而不是单纯为了收集科研资料。

## 10.6 大力宣传戒烟

这个矿的矿工，无论是接尘的或不接尘的，吸烟率高达80%[4]，成为该矿矿工肺癌死亡率不断升高的主要因素之一，而且经常在街头看到青少年结伙抽烟。经调查，矿工们普遍不了解抽烟是诱发肺癌的重要因素之一。作为医务人员深刻体会到向矿工普及吸烟对健康危害的科学知识的重要性和迫切性。为此，我们在每次汇报大会上以及同每位矿工解释他们每个人肺内钍沉积量的实际意义时，都把戒烟的卫生学意义以及吸烟对他们健康的危害进行宣讲。以便让更多矿工走上戒烟的健康之路。

图10-2 陈兴安在大会上汇报调查结果并宣传戒烟

Figure10-2 Chen Xing-an reporteal the investigation results to the miners and told them the importance of stopping smoking

## 10.7 综合卫生防护措施的显著效果

我们所采取的上述6个方面的综合卫生防护措施对该矿接尘车间中粉尘浓度和矿工肺内钍沉积量的降低起到了明显的作用。除了前面已经提到的车间空气中粉尘浓度逐年下降的事实外，下面的数据进一步说明所取得的明显效果。该矿破碎车间7个测尘点，主矿和东矿6个测尘点空气中的平均浓度，从1983年1～6月的1143.67mg·m$^{-3}$降至1991年1～6月的47.617mg·m$^{-3}$。1983年分层随机抽样的130例接尘矿工肺内钍的平均水平为22.95pCi，而1991年分层随机抽样的135例接尘矿工肺内钍的平均水平则为6.75pCi，降低了3.4倍。

## 10.8 结　论

以上提供的事实说明，放射卫生调查和改善劳动条件、关心矿工疾苦、普及科普知识、加强个人卫生防护措施等结合起来，是可以取得明显效果，并会得到矿领导和矿工们的欢迎，此类内容在国内外有关放射卫生文献中报道的尚不多见。

## 参考文献

1 陈兴安等．稀土铁共生矿矿工吸入钍尘对矿工健康影响与防治措施系列研究（1978～2003）．国家科学技术奖励推荐书．2003，8

2 陈兴安等．白云鄂博铁矿矿工肺内天然钍沉积量及其对健康影响研究．中华放射医学与防护杂志，1986，4，217-222

3 Chen Xing-an et al. An observation on the clearance of thorium dioxide from the lung of a miner. J Radiol Prot，1995，15（4）：343-346

4 陈兴安等．白云鄂博稀土铁共生矿矿工肺内钍活度及其对健康影响研究的新进展．中国辐射卫生，1997，6（2）：101-104

5 陈兴安等．白云鄂博稀土铁共生矿矿工肺内钍沉积量及其对健康影响的研究．中华放射医学与防护杂志，1992，5，306-310

# 获奖情况总结及获奖证书

| 顺序 | 获奖时间 | 获奖项目 | 获奖人员 | 获奖奖项 |
|---|---|---|---|---|
| 1 | 1982 | 人呼出气中钍射气浓度测定方法的研究和测定（包括整套装置的建立） | 陈兴安、郭芙蓉、肖慧娟、候庆梅、李文元、董智华 | 卫生部科学技术成果奖·二等乙级 |
| 2 | 1988 | 高灵敏度呼出气中钍射活度测量系统的建立 | 陈兴安、肖慧娟、董智华 | 中国预防医学科学院科技进步奖·二等奖 |
| 3 | 1988 | 白云鄂博矿矿工肺内天然钍沉积量及其对健康影响的调查研究（6年总结） | 陈兴安、肖慧娟、龙升长、胡雅琴、王济中 | 中国预防医学科学院科技进步奖·二等奖 |
| 4 | 1992 | 白云鄂博稀土共生矿矿工肺内天然钍沉积量及其对健康影响的研究（1982－1991） | 陈兴安、冯国栋、邓芸晖、肖慧娟、程永娥 | 卫生部科技进步奖·三等奖 |
| 5 | 2004 | 呼吸道吸入天然钍（$ThO_2$）与稀土矿尘联合作用的研究 | 陈兴安、高凤鸣、王玉珍、肖慧娟、程永娥、陈莲、杨英杰、甄荣、韩轩茂 | 北京市科学技术奖·二等奖 |
| 6 | 2005 | 稀土铁共生矿矿工吸入钍尘对矿工健康影响与防治措施系列研究 | 陈兴安、肖慧娟、程永娥、董智华、杨英杰、龙升长、冯国栋、包向春、邓芸晖、冯志良 | 国家科学技术进步奖·二等奖 |

卫生部工业卫生实验所　　编号:(82)—60—1

你们在人呼出气中氡浓度测定方法的研究和测定结果(包括整套装置的建立)研究工作中做出成绩特授予部三等级科学技术成果荣誉证书

中华人民共和国卫生部

一九[illegible]十五日

奖项 1 的证书

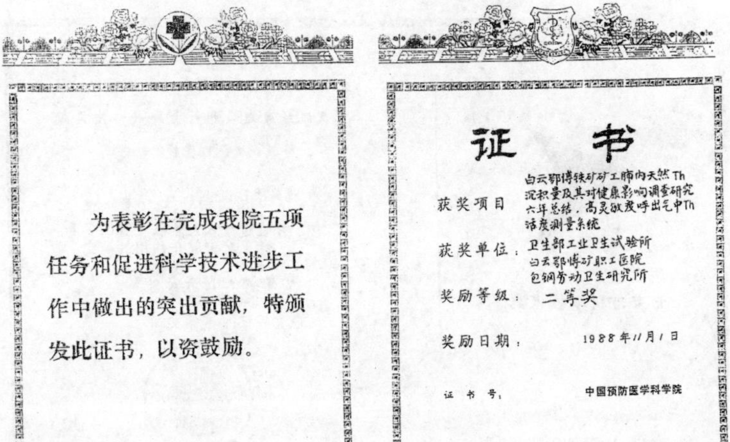

为表彰在完成我院五项任务和促进科学技术进步工作中做出的突出贡献，特颁发此证书，以资鼓励。

证书

获奖项目　白云鄂博铁矿矿工肺内天然Th沉积量及其对健康影响调查研究六年总结，高灵敏度呼出气中Th活度测量系统

获奖单位：卫生部工业卫生试验所　白云鄂博矿职工医院　包钢劳动卫生研究所

奖励等级：二等奖

奖励日期：1988年11月1日

证书号：

中国预防医学科学院

奖项 2 和 3 的证书

奖项4的证书

奖项5的证书

# 国家科学技术进步奖

# 证　书

为表彰国家科学技术进步奖获得者，特颁发此证书。

项目名称：稀土铁共生矿矿工吸入钍尘对矿工健康影响与防治措施系列研究

奖励等级：二等

获 奖 者：陈兴安

中华人民共和国国务院

证书号：2004-J-233-2-03-R01

奖项6的证书

# 致　谢

**谨向对本专著完成作出重要贡献的国内外专家和有关人士表示最衷心的感谢!**

他们有王瑞发研究员、李东英院士、吴德昌院士、叶根耀研究员、魏履新研究员、王彩凤处长、王又兰研究员、阎效珊研究员、A. C. Upton 博士、 R. O. McClellan 博士、 J. Rundo 博士、 A. F. Stehney 博士、A. T. Keaue 先生、Joanne Sha 女士、Markun 先生、龙升长院长、邓芸晖副主任医师、冯国栋院长、包向春院长、冯志良医师、J. Stebbings 博士、C. Richmond 博士、D. Richmond 博士、A. T. Gonzalez 博士、E. G. Damon 博士、A. Kaul 博士、H. Matevier 博士、R. Wakeford 博士、程永娥副主任技师、肖慧娟副主任技师、董智华副研究员、杨英杰副主任技师。

中华医学会会长钟南山院士在工作极其繁忙的情况下，为本专著写了序，特致最深切的谢意。

本专著的出版过程得到了北京大学医学出版社领导、编辑和有关同志的大力支持和热情帮助，特致以最诚挚的感谢!

为本书的打印和校对付出辛勤劳动的本所程永娥同志和清华大学刘予春同志致以深切的谢意。